京盛宇的台茶革命

Permanent
Revolution of Tea

林昱丞 著

用心泡的台灣茶

丁菱娟（世紀奧美創辦人）

第一次見到昱丞這位年輕人是在AAMA（台北搖籃計畫）新創團隊的選拔面試中，第一眼就直覺他是一個帥氣有型又有點靦腆的大男孩，心想這樣的男孩適合創業嗎？因為帥氣的男孩外在的誘惑通常很多，創業可是要一心一意堅持到底的登山路程啊。結果沒想到他創業八年走下來，昱丞全神貫注在台灣傳統的茶道，一心一意想把台灣茶發揚光大讓世界看見。

幾年前到敦南誠品逛，看到竟然有攤位慢條斯理地用紫砂壺泡茶給客戶喝，服務員用極專注的眼神泡一杯好茶給客戶的神情吸引了我，在這個講究速度與效率的年代，真是沒有品牌敢做的事，抬頭一看，「京盛宇」，我肅然起敬。

現在想來這就是昱丞一直想做的事，單純地讓客戶喝到一杯好茶，讓台灣人真正品嚐什麼是好茶。這一路走來他不論遇到什麼樣的挫折和失敗，總還是堅持著做自己喜愛的事，並將它做到極致。「讓台灣茶的美好，更貼近每一個人生活」變成了他的志業和使命，他就像傳教士一樣，執著這個信念，就這樣已經有幾十萬人喝到京盛宇用心泡的台灣茶！這是讓他挫折中些微感到安慰的。

就像昱丞説的，夢想是圓滿的，但現實是骨感的。在創業的過程總是不斷地修正，犯錯了再修正，修正後若失敗再修正，在還未看到成功的曙光前，這過程有時候也足以摧毀一個人的意志，還好昱丞的正面思考與浪漫性格支撐著他仍然相信未來的美好，這就是真正創業家的特質。

突然之間，我好像懂了京盛宇這個品牌，它在昱丞手中誕生真是再恰當不過了，由於昱丞對美感的獨特見解，使得京盛宇得以優雅、簡約又溫暖的姿態出現在消費者面前，完全不負他帥氣有型而又堅持的品味。

雖然實現這個夢想的代價頗高，儘管如此，這是昱丞的志業。書中有他的理想抱負，有他的浪漫和堅持，有他對茶道的細膩觀點，也有他對人的誠心與厚道。昱丞結了婚，生了小孩之後對人生有更多的體會和溫柔，相信這也會幫助他對品牌有更多細膩的思考和呈現。

如果哪一天你經過桃園機場或是台灣某個角落，遇見了京盛宇，請不要猶豫，給它認識你的機會，因為它除了茶葉，還有一位台灣子弟純樸單純的心，以及台灣新創公司想被世界看見的渴望。

一期一會的驚喜相遇

陳嫦芬（台灣大學財金系教授）

京盛宇創辦人林昱丞富有文人藝術家的氣質。在台灣傳統產業裡，他是
少數具有新意且有影響力的創業家。我是昱丞台大法律系的學姊、府城
台南的鄉姊，也是京盛宇的忠實顧客，能為昱丞新書《京盛宇的台茶革
命》撰寫推薦文，備感榮幸。

我見證昱丞堅定的實踐創業初衷，為台灣茶文化的再生與綻放而努力。
他的品牌京盛宇，有系統地為台灣茶注入「復興、創新」的活力，融入
活潑的經營思維，建立以客戶體驗為宗旨的新服務形式，在講求短利的
環境中，非常難得可貴。

本書梳理了台灣茶的歷史、茶樹種類、製茶工藝、茶品認識，也無私分
享京盛宇如何為客戶泡出一杯好茶的關鍵要領，喜歡茶的朋友不宜錯
過。書中另有關昱丞在創業歷程中的失誤經驗及感悟，值得有意創業者
參考。

我在台灣大學管理學院開設「職場素養與領導力」課程，期許年輕人培
育生活素養和美學品味。我曾邀請昱丞以校友身分到課堂分享茶文化，
他嚴肅又帶趣味地以清晰邏輯，吸引了年輕人的濃厚興趣。課後學生針

對京盛宇用紫砂壺手沖每一杯茶的商業模式，提出請教。學生問：這方法不僅耗人力工時，也讓消費高峰時段的客人久候；為何不預先沖製或是以機器替代人工，更符合管理學所教的成本效率呢？

昱丞說，京盛宇茶文化所鋪陳的意境是「一期一會」的緣分，勉勵大家在焦躁社會裡，珍惜喝茶的片刻，以誠愛之心，關照自己與時境間的流動關係；容有留白、享有安靜，也是觀照自我的修行美學。他的回應讓我動容，心生歡喜。

我每回到京盛宇櫃台點茶，會隨著茶師沖茶過程的韻律，調頓自己的心神，也模擬茶師隨水依茶的專注，享受為我獨享服務的感動。我若與朋友學生會面，也常隨身帶些京盛宇的冰鎮茶，聽他們驚喜地讚美隨身瓶的設計，享受手工茶的寧靜舒暢，在「一期一會」精神的提點下，專注誠心領會一份善緣。

昱丞藉由京盛宇，啟動了台灣茶文化的復興與再造，其風潮漸興而成就在即。我由衷祝願京盛宇邁向燦爛的新里程碑。

走得慢，但從不退後

顏漏有（AAMA 台北搖籃計劃 共同創辦人及校長）

認識昱丞是因為他於 2013 年加入 AAMA 台北搖籃計劃第二期，過去幾年我有機緣見證他創業的困境、挑戰與成長。這是他的第二本書，寫的是他作為一個創新茶品牌經營者，所需要涉獵的經營環節和思維，而貫穿的是創業歷程的體悟起落。

昱丞的創業路，起始於他對台灣茶的熱愛，希望讓台灣茶的美好更貼近每個人的生活，這是他的志業。但走上創業這條路，一路上跌跌撞撞，摸索的過程直到今天還是進行式。與其說他想為台灣茶帶來新革命，不如說是他實現京盛宇這個品牌的反覆假設、實驗和推翻的內在自我革新－創辦人的成長，才能帶領新創品牌事業的成長。

六個月內燒光 500 萬資金，就像創業第一次滾燙的水，沒泡出好茶。錯愕苦澀的滋味，難以入喉。但他沒有放棄，繼續磨產品、改設計、學營運、賦予品牌更多內涵。昱丞每一步的調整和改變，讓京盛宇的探索之路，來到今天。

這幾年，從他的身上漸漸看到他創業路上沉澱出的滋味。書裡他談「慢就是快」，堅持紫砂壺手沖茶，提供消費者最好的茶風味。他談「一期一

會」的審慎、珍惜，形成京盛宇對待客戶的文化。今天的昱丞，他泡的茶和京盛宇，有著同樣的溫度與滋味。

京盛宇在台灣茶市場慢慢站穩腳步後，一直期盼將台灣茶的美好帶給更多人分享。經過多年的探索後，他謹慎地跨入中國大陸市場。大家可以期待，在 2018 下半年看到京盛宇在誠品深圳店以顧客深度體驗的方式呈現，象徵京盛宇是一個可以走出台灣的品牌。同時也印證了「我走得慢，但我從不退後」的格言。

說起台灣茶，他的知識遠遠領先於我，每次喝他泡的茶，總覺得喝茶是簡單而深刻的幸福。做為創業路上的陪伴者，最好的支持除了在關鍵的決策上給予建議外，就是推薦京盛宇的好茶給朋友。這幾年來我往返海外的送禮饋贈，都帶上「京盛宇」，介紹這個台灣年輕人推廣的台灣茶品牌，與有榮焉。

泡茶容易，創業難，建立國際的茶品牌更難。但是他說了，永不放棄！

用生命守護的台茶革命

林昱丞

2013 年在一個難得的機緣下,將我對台灣茶的嚮往與想像,撰寫成第一本書《台灣茶你好》,其實,在撰寫《台灣茶你好》的時候,腦海中就已經構思第二本書以及第三本書的內容,只是礙於品牌經營的過程,沒有想像中來得順遂,於是寫書的計畫就被擱置在一旁。

《台灣茶你好》記錄了一個大男孩,在一個翹課的夏日午後,遇見這片土地上最純淨、最美好的風味,但是作為一個消費者,要在自己的生活中,複製那份美好,竟然不是一件容易的事情。在進一步探索台灣茶的過程中,漸漸發現台灣茶與現代人的生活,需要一座橋樑連結,於是「京盛宇」就成了那一座橋,並想讓台灣茶的美好,更貼近你我的生活。如何貼近?一杯紫砂壺手沖茶,就是通往台灣茶最短的距離。

從喜歡茶到茶創業,從消費者變成經營者,在不同的角色中,透過不同的視角,我才正視到這杯慢慢泡、不加糖「紫砂壺手沖茶」與市場上的消費習慣格格不入。當產品不被顧客青睞的時候,我開始懷疑自己是不是做錯了,是不是做得不夠好,是不是應該放棄某些理念?

創業的過程,其實不是用痛苦兩個字就可以形容的,所以在這個比痛苦

還痛苦的過程中，的確會想很多。我常在想，好端端地當一個消費者就好了，沒事幹嘛去創業，把創業賠的錢，拿來買茶喝，這輩子根本喝不完。我也一直在想，為什麼要創業？原因大概不是只是因為翹課喝了一杯很好喝的茶這麼簡單，一定有更深層的原因，讓我有點叛逆，也讓京盛宇的堅持，顯得與眾不同。

撰寫《京盛宇的台茶革命》的過程，腦中浮現許多過往的生命歷程，我才驚覺，京盛宇之所以會是現在大家看到的這個樣子，正是因為有這些過去，為了詳實描敘這些過去，讓某些章節，看起來有點像是自傳，看見這些內容，請你不要誤以為自己買到的是「林昱丞傳」，希望這些內容，可以讓你清楚看見京盛宇的靈魂。

我也把京盛宇做過的許多事情，從創業籌備期開始，歷經摸索、定位、調整，到品牌發展漸漸看見曙光的過程記錄下來，這些事情絕大部分是失敗的，讓你看見我的失敗，是希望當你遭遇生活中不如意的時候，想想我，其實你並不孤單，因為在這世界上有人比你慘。而某些章節，鏗鏘有力地將京盛宇的理念娓娓道來，請你相信，這些理念並不是口號，是我將會用生命守護的信念！

八年的革命歷程，讓我從一開始嬰兒等級的耐痛程度，又哭又叫、怨天尤人，到現在已經很習慣痛苦降臨。每當我面臨挑戰、遭遇危機、眉頭深鎖、感到揪心的時候，最好的解決辦法，就是看見自己的不足，謙卑地把自己歸零，重新學習，再次出發。我把這個過程中，習得的一些玩創意、搞創新的方法與你分享，祝福你的人生，永遠都比我少摔一次跤。

最後，謝謝你耐心看完我的序，但是革命尚未成功，期盼你與我並肩前行，成為台茶革命的後盾與動力，也衷心期盼京盛宇的台灣茶，成為你夢想旅途中的最佳夥伴！

目錄

信念

兒時的夢想，隨著慢慢長大一一幻
滅，遇見台灣茶，終於找到方向，於
是人生最大的冒險，就此展開。

01

人生最大的冒險，
就是為夢想而活

在 2009 年的時候，創立了京盛宇，開始走上自己的夢想之路。就這樣一直一直做著，八年過去了，恍然頓悟，原來「人生最大的冒險，就是為夢想而活！」

請先閉上雙眼，用 10 秒鐘，靜靜地回想一下，你從小到大的夢想……。

這 10 秒鐘，腦海中閃過的畫面是什麼？

是小時候無憂無懼，懷抱希望的你？

還是步入校園後，滿腔熱血、憧憬未來的你？

現在的你，是否做著夢想中的事情？是否滿意現在的生活？

如果答案是肯定的，那我深深為你感到開心，

如果答案是否定的，那是什麼原因，讓你沒有辦法朝著夢想前進？

記得當時年紀小

記得第一次熬夜，和家人一起觀看中華隊的國際比賽，那種熱血沸騰的感覺，一直深深埋藏在我的心底，特別是當看到投手，投出第三個好球三振對手，都會從沙發上跳起來，握緊拳頭、高舉雙手、奮力吶喊！所以我小時候的第一個夢想，是成為職棒選手，而兄弟象的假日飛刀手－陳義信，就是我的偶像，陳義信的背號是 17 號，這也是京盛宇品牌日訂在每月 17 號的原因。開第一家店的時候，還記得在某一個月明星稀的週末夜晚，推開門走進來的客人，就是陳義信本人。我才知道原來看到偶像，眼眶會濕濕的，八年了，永遠忘不了那個瞬間的激動與興奮。

為了實現這個夢想，從國小一年級開始，幾乎每個週末，我會自己搭著公車，去台北體育場外面的非正式場地，跟著一群大哥哥，在鋪著柏油的場地練習（正規棒球場是鋪著草皮跟紅土的，這樣比較不容易受傷）。那個年代沒有手機，但是大夥兒總是在午餐後，不約而同聚集在一起，開始享受最快樂的棒球時光，太陽下山了也沒有人想回家，因為田徑場高聳的燈柱，會持續為我們點燃心中的熱情。

小學的時候，還曾經夢想成為一個優雅的國樂演奏家。大我六歲的哥哥，是敦化國小國樂班南胡演奏的台柱，每回看到他在家裡練習，那種獨當一面的架勢，實在是讓我心生景仰，猶如黃河氾濫，一發不可收拾，於是立下志向，一定要加入國樂班。三年級的時候，積極地爭取參加國樂班的徵選，沒有音樂底子的我，很幸運地被選中了。加入國樂班之後，分發到吹管組，吹管樂器常見的有：曲笛、梆笛、簫、嗩吶跟笙，而我對梆笛卻情有獨鍾。國樂班的學生，常常都要帶樂器回家練習，每次看到同學背著比自己身高還高的樂器，真的很慶幸自己被分配吹笛子，不僅攜帶方便，聲音清脆爽朗，曲風活潑討喜，還時常負責主旋律的演奏，真不愧為我心目中的七大樂器之首（笑）！當時吹管組的指導老師，是來自台北市立國樂團的氣質美女林慧珊老師。我總是期待每週一次的國樂課，除了有機會可以練習曲笛、梆笛之外，也可以看到美女老師，偶爾也會私下用零用錢投販賣機，買老師喜歡的茉莉綠茶，偷偷放在琴房的桌子上。

幻滅是成長的開始

打棒球和吹奏笛子，這兩件事情，因為自己很喜歡，所以不需要別人督促、叮嚀，總是很主動、很努力把它做到最好，每天生活中，腦子也總是轉呀轉地想著這兩件事，甚至會找很多書籍來研究、精進。但計畫永遠趕不上變化，正當我一心一意想在國小畢業後，就讀北部的棒球名校—華興中學，母親卻不許我去讀；正當我幻想自己有一天，能夠帥氣地站在舞台上吹奏，經典電視節目「每日一字」的主題曲—陽明春曉，國樂班的團長卻跟我說：「吹管組只有你一個男生，所以現在需要你改吹嗩吶。」還補了一句：「以後出路很廣，婚喪喜慶都用得到。」

夢想破滅之後，只好順著家人的期待，把升學當成首要目標。在那個年代，跨區就讀明星學校就是升學的不二法門，所以我每天搭一個小時的公車，從中和到敦化國中上學；學校老師開的地下補習班就是名列前茅的靈丹妙藥，所以每個週末，有數學、理化、英文三個補習等著我；參考書就是莘莘學子邁向高分的苦海明燈，所以除了學校指定的，各學科我都會額外準備兩個版本研讀、練習；加上導師愛之深責之切，不定期使出少一分打一下的看家本領，就這樣經過三年，我終於被順利打進第一志願——建國高中。

高一的第一次段考，令人印象深刻，因為那是我人生第一次離滿分那麼遙遠，甚至有一兩科不及格。學校裡的每一個老師，努力遵循所謂「三

不政策」；不要求、不強迫、不體罰。當沒有人告訴你每天的回家作業是什麼，早自習不再三天一小考、五天一大考，翹課、上課睡覺變成課堂的一部份，我突然有點不知所措，卻也解開了分數的枷鎖。開始參與學生自治社團的事務，辦校際舞會、編校刊，也跟著幾個好朋友參加熱門音樂社，玩樂團、學吉他、當主唱，有時候翹課不知道去哪裡，還會跑去學校圖書館，讀自己喜歡的文學作品。當生活中不再充滿別人的期許、不再遵循別人的教條，每一口呼吸都好清新，每一天的生活總有新鮮事，對於自己未來的人生，也開始出現許多有趣的想像。

「如果在高中累積班聯會的經驗、在大學累積學生會的歷練，未來是不是可以成為一個出色的政治人物呢？那到底要加入哪一個黨呢？」、「如果就這樣一直唱下去，是不是就可以成為 Bon Jovi？可是他的高音好帥氣，我的高音像雞叫。」、「課本一個章節都看不完，為什麼琦君的散文、洛夫的詩，卻能一篇又一篇，看到忘我？要如何成為一個作家呢？會不會餓死啊？」這幾個夢想，雖然不切實際，卻讓我更了解自己。最先放棄的，當然是歌手，除非是在雞圈裡唱給雞聽，不然應該沒有人想聽我唱歌；第二個放棄的，就是從事政治，它讓我明白什麼叫做「人在江湖，身不由己」，我想那些所謂大是大非的大事，還是讓有大智慧的人去處理比較妥當，像我這種看完琦君的散文，會感動落淚的人，還是聯誼的時候，跟女校同學一起舉辦葬花的儀式，比較合適。

迴盪在腦中的想像，整整兩年的天馬行空、不斷嘗試，我的高中生涯也很徹底玩了兩年，雖然還不很明確知道自己未來想要做什麼，但至少刪除了一些不可能的選項。就這樣直到升高三那年，教室裡開始出現讀書氛圍，讓我猛然驚覺，如果讀文組的我，沒有考上台大的話，家裡可能會發生命案，母親會宰了我。於是開始老老實實地把屁股黏在椅子上，除了吃飯睡覺之外，每天就是讀書，一整年下來，胖了 10 公斤，但也讓模擬考分數始終都保持在考取台大商學院的水準。

人算不如天算

正式的大學聯考結束後，媽媽跟我還到加拿大旅遊，拜訪舅媽、表妹，並沒有料想到，聯考成績因為數學失常沒考好，直到放榜的當下，我才深深體會兩件事，一件事叫做「人算不如天算」，一件事叫做「晴天霹靂」。在校七次模擬考成績不是台大商學院、就是法學院，最後卻考上了分數相差不少的台大社會工作系。原本已經在入學前調適好心情、漸漸釋懷沒考好的沮喪，每天催眠自己當一個社工，其實是一件很有意義的事情，跟我黛玉葬花的感性性格也蠻雷同的。誰知社工系第一堂課，教授劈頭就說：「當一個社工要有三心：愛心、耐心、同理心。」我就很堅定地在選課單上面，把所有社工系必修課都打叉，破釜沈舟，鐵了心要轉系。

轉系的第一志願，當然還是商學院！但是建中生涯的「翹課訓練」，讓

我再也無法每天乖乖準時到課堂報到，轉系審查重視平時學期成績的商學院，如果出席率不高是絕對轉不進的。就在我苦惱不已的時候，剛好和家中親戚餐敘，有位長輩提到學法律未來的出路很廣、收入很好啊，現在總統也是法律系的（結果下一任、下下任都是），接著我一查法律系的轉系標準，比中樂透容易多了，錄取率竟然高達**33.33%**，而且才考兩科，一試定生死，這種轉系模式，實在是太適合我這種臨時抱佛腳的比賽型選手。

第一志願？

說簡單其實也不簡單，最後考了兩年好不容易才成功。如願以償轉到台大法律系之後，才知道法律系出路一點也不廣，律師、司法官的國家考試基本上是唯一道路，不僅是窄門，更是很多法律人的夢魘，花費多年準備也不見得能夠考取功名。即便考上國考，除非是當上法官，不然作律師，收入多寡都是各憑本事。

當愛已成往事，木已成舟，人生唯有繼續向前看，還是得想辦法在學習中找到樂趣，於是我想起了陶淵明的「不求甚解」，把枯燥的法條擺一邊，專注在法理的邏輯思考、系統架構，四年的努力，讓我得以順利成為法律系倒數幾名畢業生。不過考上第一志願的包袱，就是背負母親的殷切期待，希望林家能夠出一個法官、律師，但我卻清楚明白自己並不想要走正規法律系的出路。

在大學時期一個偶然的機會中，邂逅台灣茶，深深愛上了它，也從此不務正業，大量學習體驗一切有關茶的事物。那個時候的我，尚未萌生茶創業的念頭，但是在日復一日身體力行的茶體驗中，更加清楚明白，什麼事情是自己喜歡的，什麼事情是每天醒來有動力去做的。所以只好藉由每一次和母親喝茶的機會好好溝通，可是大多時候談到這件事，溝通過程還是很激烈。

就在溝通了千百次未果之後，有一天，就在一個稀鬆平常的翹課午後，我泡著茶，母親坐在茶桌旁，突然靈光乍現，說了一段從來沒有想過的話：「媽媽，如果沒有什麼意外，我的人生還能活至少50年。50年後，你已經110歲，除非是很特殊的狀況，不然那個時候你應該是在天國看著我生活在人世間。你想看到的我，是照著你的期待成為的那個人，卻不快樂；還是，照著我自己的意志活著，也許沒有擁有世俗的成功標準但卻很快樂，你希望看到哪一個我？我真的很希望，活著，是為了自己而活。」說完這段話之後，母親就再也沒有提過關於律師、法官的事情。回頭看那時候的決定，確實在畢業前，做了一個人生最正確的決定：不從事法律相關工作。

初心

離開校園，步入社會後，做過一兩份工作，旅行過很多地方，在這個慢慢長大、漸漸變老的過程中，驚覺許多曾經出現在生命中的人事物，出現時，都為那個階段，劃上喜悅的驚嘆號，最終都靜悄悄地，不著痕跡地劃下句號，只有台灣茶，一直留在我的生活中。上班的時候，辦公桌必備簡易泡茶組，有時候自己喝，有時候同事會來蹭茶喝，有時泡出很棒的茶，歡喜地與大家分享。旅行的時候，走累了、逛累了，回到飯店的房間，夜深人靜時，只有我和茶獨處。

於是，我開始想著，能否為它做點什麼？能否「讓台灣茶的美好，更貼近每一個人的生活？」就這樣持續想著，終於在2009年的時候，創立了京盛宇，開始走上自己的夢想之路。就這樣一直一直做著，八年過去了，恍然頓悟，原來「人生最大的冒險，就是為夢想而活！」

現在，再請你閉上雙眼10秒鐘，回想一下剛剛的夢想，希望你張開眼之後，已經開始踏上屬於自己的夢想之路！

02

不同凡想
Think Different

「Think Different」的廣告短片，影片只有短短的一分鐘，可是那一分鐘，讓我心中所有的迷惘煙消雲散，改變我的人生觀，重新建構我對於夢想的認知，並且不停地鼓舞著我，要勇敢地朝夢想前進。

和大多數人一樣，我從小就一直被教導著「要乖」。什麼是乖？聽從師長的教誨，考 100 分的時候，老師會稱讚我很乖；照著父母的期許，成為他們理想中的那個我，父母會稱讚我很乖。在那個階段，我始終不明白，為什麼每次想做什麼事情，如果那件事情對成績沒有幫助，大人們總說：「那件事情不重要，現在不要做，以後再說。」甚至用一些五四三的理由塘塞我。常常在想，如果當年有機會進入棒球名校華興中學就讀，一路打著三級棒球上來沒有間斷，今天在美國大聯盟，會不會多了一位背號 17 號，球衣繡著 LIN 的華人投手？

20 歲之前的我是「眾人」意志所拼湊出來的個體。敦化國小的書法老師謝秀芬、美術老師馮麗玉、音樂老師張紹貞，萌芽我對藝術的鑑賞興趣；國中國文老師關秀瓊，奠定我對寫作的熱情；其他老師嚴格要求用功讀書，在每日寒窗苦讀的過程中，因為大量練習背誦、解題與思考，得以不斷修正調整自己的學習方式，加速對於新知識的吸收；父母要我追求高分，雖然在那過程中無法理解，考 100 分有什麼好處，但能夠順利進入明星高中、第一志願所得到的光環，讓我內心充滿自信，至少那張畢業證書上面寫的科系，用世俗的角度來說，比較好找工作。在建中、台大耳濡目染優秀同學、師長的言行舉止，也讓我明白讀書的真諦：就是從他人的思想，看見事物表象背後運作的哲思、原理，得以用更高的視野、更寬的角度，重新認識我們身處的世界，激發對生活更美好的想

像。這一路上所遇見的每一個人,謝謝你們,你們造就現在的我,我很滿意、滿足。你們所賦予我的珍貴價值,就像生命三要素:陽光、空氣、水,可以讓我好好活著,可是要活得燦爛,還需要一朵小花,那朵小花,就是自己的夢想。可惜的是,當你們的意志,加諸在我身上愈來愈多,我卻慢慢聽不到自己心裡的聲音,也更加找不到人生的方向。如果説,曙光來臨前,必定是黑暗的,那我衷心期盼,可以趕快衝破人生的迷惘。

一分鐘的震撼

大學的時候,有一天走在路上,經過蘋果電腦專賣店,看見螢幕播著「Think Different」的廣告短片,影片只有短短的一分鐘,可是那一分鐘,讓我心中所有的迷惘煙消雲散,改變我的人生觀,重新建構我對於夢想的認知,並且不停地鼓舞著我,要勇敢地朝夢想前進。

不同凡想

世界上最偉大的科技公司之一:蘋果電腦,一路走來並非總是一帆風順。已故創辦人賈伯斯就曾經在 1985 年,因為公司面臨危機被迫辭去董事長的職務,離開自己創辦的公司。沒有賈伯斯,蘋果,就是一顆失去靈魂的蘋果,每況愈下,直到 1997 年,在外界的期待之下,賈伯斯回鍋執掌,擔任 CEO,扭轉了當時的頹勢,成功將蘋果帶向另一個高峰。

＊「Think Different 」是廣告公司 TBWA\Chiat\Day 紐約分支辦公室於 1997 年起為蘋果
　公司創作的廣告口號，曾用於知名的電視廣告、數個廣告印刷品以及數個公司產品的電
　視廣告與廣告印刷品中。蘋果公司在 2002 年的 Switch 廣告活動開始後停止使用這個
　口號。

＊ 上排左至右：阿爾伯特‧愛因斯坦、馬丁‧路德‧金、湯瑪斯‧愛迪生。下排左至右：
　瑪麗亞‧卡拉絲、阿梅莉亞‧埃爾哈特、畢卡索。以上人物皆為影片中角色之一，按出
　場順序排列。(Source: Wiki)

而這個偉大的廣告，就是1997年賈伯斯回到蘋果之後所拍攝的，以「Think Different」為主軸，將一連串著名歷史人物依序出現在影片中，包括了阿爾伯特·愛因斯坦、鮑勃·迪倫、馬丁·路德·金、理察·布蘭森、約翰·藍儂、巴克敏斯特·富勒、湯瑪斯·愛迪生、穆罕默德·阿里、泰德·特納、瑪麗亞·卡拉絲、聖雄甘地、阿梅莉亞·埃爾哈特、亞弗列·希治閣、瑪莎·葛蘭姆、吉姆·亨森、法蘭克·洛伊·萊特與畢卡索。由於這個廣告實在太紅了，網路上可以找到各種版本：60秒版本、30秒版本、賈伯斯本人配音版、小女孩結尾版、賈伯斯結尾版。

影片中的人物，都是在不同時代、不同領域，有卓越表現、偉大貢獻者，可是，為什麼他們能有卓越表現、偉大貢獻呢？如果他們繼續承襲前人的步調、路子前進，大概也只能守成，而無法突破現狀，那麼如果不承襲前人的步調、路子前進，必定要有與眾不同的想法，才可能有一番作為，終至大成就。所謂與眾不同，講好聽一點叫做創新，講不好聽叫叛逆，不管是創新或是叛逆，從計畫到實現到成功的過程，都必須承受巨大的風險與阻礙，都必須忍受莫大的嘲笑與謾罵，都必須依靠無比的決心和毅力，才能夠在叛逆這條路上，一步一步通往成功。

致瘋狂的人，

他們特立獨行，他們桀驁不馴，他們惹是生非，他們格格不入，他們用與眾不同的眼光看待事物，他們不喜歡墨守成規，他們也不願安於現狀。

你可以認同他們，反對他們，頌揚或是詆毀他們。但唯獨不能漠視他們。

因為他們改變了尋常事物，他們推動人類向前邁進。或許他們是別人眼裡的瘋子，但他們卻是我們眼中的天才。因為只有那些瘋狂到以為自己能夠改變世界的人⋯⋯才能真正改變世界。*

Here's to the crazy ones.

The misfits.
The rebels.
The troublemakers.
The round pegs in the square holes.
The ones who see things differently.
They're not fond of rules
And they have no respect for the status quo.

You can quote them, disagree with them, glorify or vilify them.
About the only thing that you can't do is ignore them.
Because they change things.
They push the human race forward.
While some may see them as the crazy ones, we see genius.
Because the people who are crazy enough to think that they can change the world, are the ones who do.

*文字引用自蘋果電腦廣告"Think Different"

利他的夢想

這條路，如果很好走，那麼世界上，可能會有太多偉人，60分鐘也拍不完這部影片。正因為困難的程度，就像脫了鞋走在碎玻璃上、走在鋼索上、走在冬天的薄冰上，卻依舊永不放棄，用盡一切可能，也要成就這個與眾不同的想法。想法，在尚未成真的時候，就是一個夢想。一直很喜歡周星馳電影中的經典台詞：「人如果沒有夢想，那跟鹹魚有什麼分別。」如果賈伯斯認識周星馳的話，想必星爺也會出現在影片中。

偉人的夢想之所以偉大，更在於這個夢想，不是以利己為出發，而是以利他為最高準則，從自己身處的生活，作為改變的起點，進而延伸到全世界、全人類生活、生命價值的提昇、促進、改善。這條路，不僅偉大，還很浪漫；這條路，一定不好走，卻值得為它燃燒生命。

這個影片，鼓舞我勇敢追求夢想。多年後，「讓台灣茶的美好，更貼近每一個人的生活」成為我的夢想。我想要為台灣茶，做一些改變。在實現夢想的過程中，現實的重重阻礙，就像巨大的天殘腳，常常一腳把我踢飛，然後重重地摔倒在地，我不是鮮花，卻偏偏正巧摔到牛群中的牛糞上，沾滿牛糞的牛腳又一腳踩在我的臉上，所有的自尊與自信瞬間蕩然無存。偶爾有了一個小收穫，以為可以伴隨另一個大收穫，卻往往是希望落空。「福無雙至，禍不單行」的創業生活，每一天都在反覆上演，雄心壯志也終會消磨殆盡。每一次，當我累得再也走不下去，就會點開

這個影片，一次次重播，沈浸在文字、聲音、畫面中，總是覺得很放鬆、很療癒，看了幾十次之後，身心靈就會充滿足夠的生命力繼續燃燒。

希望此影片也能給予正在夢想道路行走上的你，滿滿的正能量！

03

改變的起點

我固執地相信，只要改變這些，台灣茶的美好，就可以重新回到每一個人的生活中。於是，2009年，京盛宇的紫砂壺手沖茶誕生了，在城市的角落，每日每夜，為大家沖泡這片土地上最純淨、最美好的風味。

過去十多年，我經歷一段台灣茶的美好旅程，這個過程，讓我驚訝原來這片土地上，有這麼多不一樣的美好風味；這個過程，也讓從我一個消費者，變成一個品牌的經營者。而所有的故事，要從大學二年級開始說起。

大學二年級的時候，有一天表哥叫我翹課去他家喝茶，他對傳統茶道非常有研究，懷著滿心期待，覺得一到了立刻有好茶可以喝，結果人到了，他才把瓦斯爐打開燒水，並且拿出計時器，倒數燒水的時間。我問：「不是約三點嘛？怎麼不先把茶泡好？」表哥說：「這樣茶就不好喝了。」當時心裡想「有差嗎？」在等待燒水的同時，表哥小心翼翼從櫃子裡、抽屜裡，拿出各式各樣的茶具，整理安置擺放在一個幾乎跟我半個書桌一樣大的茶盤，這些茶具，我一個也認不得，只覺得泡一杯茶，需要這麼大費周章嗎？

好不容易水滾了，茶泡好了，一個高杯和一個矮杯端到我面前，高杯有裝茶，矮杯是空的，我很直覺把高杯拿起來喝，立刻被表哥阻止：「昱丞啊，高杯是聞香杯，矮杯是飲杯，要把聞香杯的茶倒進飲杯，把空的聞香杯湊近鼻子，聞一下茶香，然後，再把飲杯裡的茶喝下去。」聽完他的說明，我心裡想：「再也不要來喝茶了，喝一杯茶也太麻煩了！」但這杯茶喝下去之後，奇妙的事情發生了，心情就像周星馳電影〈食神〉裡

的評審在地上打滾，因為這杯茶實在是太好喝！太澎湃！太有詩意了！甜度就像平常喝的珍珠奶茶，可是它沒有加糖；茶湯的觸感很綿密滑順細緻，後來才知道，原來這叫果膠質口感。正當我開口想要第二杯茶的時候，口腔呼出滿滿的蘭花香，香氣既柔和又優雅，那是我生平第一次，如此清晰感受到何謂蘭花香，而且，喝完突然有一種感覺，彷彿穿越到高山的原始林，身心充滿自然的氣息，舒暢無比。

飲茶的世代斷層

因為這一杯梨山茶，我走進台灣茶的世界，更渴望在自己的生活中，能夠常常再現那杯茶的美好。於是開始瘋狂翹課，到處逛茶行、試喝茶、買茶葉、買茶具、學泡茶。這個過程，每每找到心中的絕世好茶，邀請朋友來家裡喝茶，竟然沒有一個願意，我問：「你們是覺得不好喝嗎？」大部分的人都是這樣回答：「不是不好喝啦，只是覺得那個是老人在喝的。」所以，他們覺得我是怪咖，為什麼如此著迷於這個舊時代的嗜好。朋友們喜歡咖啡遠甚於茶，稍有空閒時間，就往咖啡館走，對於咖啡的事情如數家珍，但對茶的事情完全沒興趣，更不可能多花時間了解。我不禁想：「如果年輕人都不喝茶，那麼茶產業是否會面臨危機呢？」有一次我走進一間燈光灰暗、牆面斑駁的老茶行，一位身軀略弓、步履蹣跚的老奶奶，從店內最裡頭企圖用最快的步伐，走到門口迎接我，眼眶似乎泛著欣慰的淚光，用她滿是皺紋的手握著我，殷切地說：「有年輕人願意喝茶，真的不容易，快進來坐吧！」

當台灣茶的需求減少，消費的頻率降低，道地的台灣茶美好風味，就會愈來愈陌生，消費者漸漸地分辨不出，這個茶是台灣的，還是進口的？就算是台灣的，也分辨不出風味的等級好壞。於是，開始出現劣幣驅逐良幣的狀況，原本在台灣茶產業用一輩子認真種茶、製茶的老師傅，難以抵抗部分業者，肆無忌憚地從海外進口劣質茶葉原料的低價競爭。結局就是：從消費端來看，台灣的好茶愈來愈難買到；從生產端來看，誠實認真的人收入愈來愈少，當然也不會叫自己的子女投身茶產業，因此，許多古老而美好的技藝，就無法傳承，有一天，就會像台灣黑熊一樣，漸漸絕跡。

眾說紛紜的茶文化

看見茶產業的困境之後，並沒有因此讓我打退堂鼓，反而讓我對於這份「得來不易」的美好，產生濃厚的求知慾，更想徹底了解這份美好的來龍去脈。不可諱言，作為一個茶痴級別的消費者，我曾經也是許多大品牌、小品牌、知名茶行的粉絲。百年茶行說：「我爺爺的爺爺就開始賣茶了，所以一定是好茶。」標榜有機茶的品牌說：「我們的自有茶園，在茶樹栽培的過程，都是以有機方式栽種，所以一定是好茶」強調製茶工藝的品牌說：「長輩流傳下來的古法烘焙，我們一直遵循，所以一定是好茶。」這些資訊，反應一個現象：在台灣賣茶的業者，或多或少和茶產業都有一些淵源，這些淵源既是優勢，也是包袱。

這個包袱，有的時候會讓茶知識顯得不夠全面，因此消費者得到的資訊會是片斷的。所以，幾個關於茶知識的問題，有很長一段時間，一直困擾著我：

到底什麼是「烏龍茶」？走到哪，大家都說自己賣的是烏龍茶，可是這些烏龍茶，有的是蘭花香、有的是奶糖香、有的是梔子花香，風味不一樣，名字卻一樣。

到底什麼是「山頭氣」？阿里山、杉林溪、梨山、大禹嶺，各自的山頭氣不同，可是山頭氣這三個字，有看沒有懂，山頭氣是如何形成的？它對茶風味會有什麼影響？

為什麼茶葉會有各式各樣的形狀？有的是球狀、有的條索狀、有的是散狀，球狀還有大顆和小顆的差異，條索狀還有長短的差異。

為什麼茶湯有不同的顏色？有的偏綠、有的偏黃、有的偏紅、有的偏褐，顏色比較深的，是不是就比較苦？有人說茶湯的顏色和發酵、烘焙有關，到底什麼是發酵、什麼是烘焙？

聽說茶有分綠茶、紅茶、青茶、黑茶、黃茶、白茶？是依據什麼分類的？台灣茶是哪一類？

我花了很長一段時間，用考建中、台大那時候認真做學問的心情，先拋去存在於腦中片斷不完整的商業資訊，然後研究台灣茶的歷史，並且回歸茶葉的本質，終於揭開台灣茶的神秘面紗。

台灣有豐富多元的茶樹品種、得天獨厚的生長環境、百年來與時並進的製茶工藝，因此造就了「全世界最好的茶就是台灣茶」。原來，這一份得來不易的美好，是「無數環節的完美組合」。茶樹從植入泥土開始，經歷種茶、製茶、泡茶這三個過程，過程中有無數環節，只要其中一個稍有差池，就前功盡棄。但是，只要這些無數環節完美組合，茶葉就成為天、地、人的心血結晶，就成為人與大自然細緻互動的藝術品。

如果，茶道不再老派傳統，取而代之的是全新的飲茶文化，符合現代人的美學風格、生活步調；如果，不需要搞懂那些繁瑣、複雜、困難的「無數環節」，就能體會茶風味的美好；如果，不需要自己準備茶具、不需要自己動手泡茶，就能喝到一杯好茶。

我固執地相信，只要改變這些，台灣茶的美好，就可以重新回到每一個人的生活中。於是，2009 年，京盛宇的紫砂壺手沖茶誕生了，在城市的角落，每日每夜，為大家沖泡這片土地上最純淨、最美好的風味。

信念

莫忘初衷，方得始終。正因為不想向
現實低頭，不願遇障礙而轉向，進而
焠鍊許多珍貴的茶體驗，以及用生命
守護的信念。

04

永恆的信念

今日的「新」，永遠是明日的「舊」，世界上唯一的不變，就是永遠都會
發生改變。所以，要時時刻刻提醒自己，要成就一生的志業，要打造百
年的品牌，要將台灣茶走向全世界。

從 2009 年九月成立後，一路跌跌撞撞，摸索定位，歷經路面獨立店舖的經營失敗，轉型切入百貨商場，以專櫃的模式重新出發，將訴求以及有限的資源聚焦在「台灣茶」，終於在轉型後一年後，第一次獲得媒體的肯定。2012 年，有幸入選《Shopping Design》雜誌「Best100 台灣設計」，還記得當我收到雜誌，看完介紹文字之後，眼眶根本止不住激動的淚水。

品牌轉型之初，尚處於默默無聞的階段，無論在門市多麼努力，彎腰鞠躬九十度、喊破喉嚨奉茶招呼，常常一天就是只有十來個客人，即便品牌理念再多麼崇高，實際的影響力也是微不足道的。所以，在浩瀚無垠的宇宙中，即使只是出現這一段短短的文字，也讓渺小的京盛宇，每天在敦南誠品做的事情被更多人看見；當我們做的事情根本就是市場上的異類，這段文字，雖僅從品牌的中英文名著墨，就讓一個苦只能往肚子吞、看不見未來、甚至沒有明天的創業者，胸中的鴻鵠之志被深深理解。這段文字，多年來一直溫暖我的心，鼓勵我的信念，雖然從來都沒見過作者本人，但肯定不是燕雀，真心感謝您！

讓台灣茶走向世界的鴻鵠之志

「京盛宇 Permanent Revolution of Tea」，這個品牌名，是我的鴻鵠之志，更是我的信念。

常有人問我，品牌名為什麼不是二個字或四個字，而是三個字？從決心做台灣茶的第一天開始，就立志要讓每一個人，感受到台灣茶的美好，這「每一個人」放大來看，就表示「全世界」，台灣當然是站穩腳步的第一站，但是，要從台灣走向全世界，是非常不容易的，目前，有一個大家都耳熟能詳、令人敬佩的台灣餐飲品牌，成功做到這件事。在台灣，只要想到「小籠包」，就一定會想到「鼎泰豐」這三個字，鼎泰豐所提供的餐飲、服務，品質是受到世界眾人肯定。所以三個字的品牌命名，是期待有一天，在台灣只要講到「茶」，大家就會立刻想到這三個字：京盛宇，並且期許京盛宇能夠成功從台灣走向全世界。

要從台灣走向全世界，這個品牌名所選的字，特別是首字，要盡可能符合當地的風俗文化、語言習慣，縮短當地市場認識時間，同時達到兼容並蓄的效果。從地理位置來看，走出台灣的下一站，極有可能是大陸、日本，大陸有北京、南京，日本有京都、東京。於是選用「京」作為品牌名的首字。後來有機會在大陸介紹京盛宇，當地人覺得這個名字很中國，不會有格格不入的感覺，繁簡體也是同樣的字；和日本朋友介紹京盛宇，他們覺得名字有濃濃的東洋味，日語的漢字發音也好唸好記。

貫徹信念的「京、盛、宇」

想從台灣走向全世界，須有雄心壯志，更需要有對於台灣茶的高度熱情與專業。為了能在傳統與現代中，為台灣茶找到一個新的詮釋方式以及

Fresh Creativity in Traditional Image

10. / 京盛宇 /

時尚簡約的台灣茶

　　十足愛茶的人，又深信「台灣茶是台灣島對台灣人的恩賜之物」，所以發展了販賣茶葉和茶飲的「京盛宇」，矢志將它做成星巴克。就跟星巴克一樣，京盛宇的氣味，是和城市緊緊相連的；主事者們是見過世面的青年，用乾淨、極簡的設計語彙，將台灣茶店形塑為時尚的新地標。品牌的茶葉專家們勤於發掘台灣各角落零污染的有機耕作茶園，找尋來自泥土的好味道，也重視製茶過程中的每一個環節，嚴選材料，發展沖泡方式的SOP，配合空間設計的整體氛圍與嚴謹的服務態度，成就一碗完美茶湯的承諾。每每看到這樣的品牌出現，就令人感覺是對農作物致上了最高敬意。我對它的英文名很感興趣：Permanent Revolution of Tea——茶的永恆進化，相信這個品牌的發展會像它的中英文名字一樣，大器、深遠、無限寬廣。

誠品敦南店B1
地址：台北市敦化南路一段245號B1　電話：（02）27755977#621
其他購買通路請參考：http://www.prot.com.tw/

《Shopping Design》雜誌 N0.49 Dec. 2012 p.18

對於這片土地的感念之心，我把這樣的信念，注入在品牌名稱「京、盛、宇」這三個字：

「京」是量詞，億、兆、京這些量詞，都代表數量很多。雖然我有雄心壯志，但這個字不是代表要開很多很多店，而是深入理解台灣茶之後，才發現每一口嚥下的美好風味，全都是得來不易的。茶樹從植入泥土那一刻開始，要經歷「種茶、製茶、泡茶」的漫長旅程，這個過程中會出現無數環節，每一個環節都要完美組合，最終才能成就一杯好茶。既然是得來不易，更需要專注心力，把關每個環節，成就更多美好風味。

「盛」是茂盛，也是器皿。當台灣茶風味依舊這麼美好，可是形象、販售方式，漸漸與現代人喜好、習慣脫節。呈現它原來的風味樣貌，加上符合現代人生活習慣、美學風格的表現方式，就是我們一直努力打造的「獨特而完美的台灣茶體驗」。

「宇」是上下四方的空間。台灣茶是台灣島對台灣人的恩賜之物，台灣這片土地默默孕育這份美好風味，用心品嚐，就可以感受人和天地交會的寧靜禪意，感念大自然的土地、氣候。

品牌名的英文副標 Permanent Revolution of Tea，立基於一個想要改變和重新定位台灣茶文化的信念。從一杯茶走入台灣茶的世界，燃起想要

改變台灣茶的夢想，進一步想要讓它走向全世界。這個過程，讓我深深理解，今日我們所身處的這個世界的所有樣貌，社會中每天發生點點滴滴，有一些值得珍惜的美好，都是前人的「革命」所成就完成的。那麼在我們明天早上醒來以後，這個世界上是否有可能發生新的革命，再次改變我們的生活呢？答案當然是肯定的。

今日的「新」，永遠是明日的「舊」，世界上唯一的不變，就是永遠都會發生改變。所以，要時時刻刻提醒自己，要成就一生的志業，要打造百年的品牌，要將台灣茶走向全世界，就必須理解今日創造的美好，在明日很有可能，就被社會淘汰、屏棄，所以，從個人開始，乃至整個團隊，一定要學會否定今日的自己，才能永保革新、進化的動能，一步步在時代變遷中，築夢踏實。

05

無添加的茶飲提供者

道道地地的台灣茶，不用加糖就很甜，不噴香精就很香，稱之為天然的香水一點也不為過，有緣喝到是珍貴的福氣，於是我渴望將這樣的美好，分享給周遭的每一個人。

台灣茶有著各式各樣、形形色色的迷人風味，有的是品種特有的香氣，例如：蘭花香、梔子花香、玉蘭花香、奶糖香；有的是經過烘焙轉化的香氣，例如：輕烘焙的茶，會帶有類似麥芽糖的蜜香、深烘焙的茶會帶有深沈的焦香；有的是茶樹上的茶菁，被小綠葉蟬啃咬之後，製成茶葉，會帶有果蜜香，例如：荔枝香、柑橘香、蘋果香；有的是特地將茶葉吸附各類花朵的香氣（工藝叫做窨花），例如：茉莉花、玫瑰花；有的是茶園的自然條件，塑造茶風味的氣質，例如：阿里山茶區的清新淡雅、杉林溪茶區剛勁的木質基調、梨山茶區的優雅柔和、大禹嶺茶區的剛柔並濟；有的是經過歲月陳化的老茶，帶有內斂深沈的氣質，舒服柔和的酸澀口感。有些老茶經過覆焙，有些沒有，但是都可以感受往昔與今日不同自然、人文所造就的風味差異。這些數不清、道不盡的美好，會隨著沖泡、品嚐的過程中，出現前中後味的轉變，讓我深深體會，台灣茶就是天然的香水。

道道地地的台灣茶，不用加糖就很甜，不噴香精就很香，稱之為天然的香水一點也不為過，有緣喝到是珍貴的福氣，於是我渴望將這樣的美好，分享給周遭的每一個人。每回我總是小心翼翼、戰戰兢兢，用最嚴謹、恭敬的態度，緊握手中的紫砂壺，專注地將沖泡過程的每一個環節，盡力做到最好，只為呈現茶葉如香水般的美好風貌。偶爾，不小心失手，糟蹋了一泡好茶，都會懊惱不已，久久無法釋懷，因為茶葉到我

手中沖泡之前，早已經歷一段極為漫長的旅程，如果在泡茶的最後一關出現失誤，就前功盡棄了。

茶葉是人與大自然細緻互動的藝術品，更是天地人的心血結晶，既然想讓台灣茶的美好，更貼近每一個人的生活，那麼泡茶者，就如同台灣茶的使者，每一次泡茶，應該像儀式般莊重嚴謹。為了延伸這份美好，京盛宇不僅著重味覺感受，更進而設計一張開放式的茶吧台，將京盛宇的無形信念，化為真實不虛、獨特完美的五感茶體驗。

揉合傳統與現代、東西方元素的茶吧台

源自於東方的傳統茶道，隨著千年以上的演化，細膩地發展出各式各樣、不同效用的茶具，於是，泡一壺茶，不在乎慢，在展演茶道的過程中，更講究眼睛看不到的，只能用心體會的境界與禪意。我們習以為常的現代社會生活方式，基本上是源自於西方的工業革命之後，在資本主義的影響下，事物強調快速、便利、大量製造、可複製，在理性主義的影響下，眼見為憑的量化，被視為一種真實、安心的存在。不管是傳統與現代、東方與西方，當我還是一個消費者的時候，我只相信以及追求一件事：好喝。當我成為一個經營者的時候，我更加認定，好喝這件事情，必須貫徹到吧台上看得到的每一個器具，沖泡流程中的每一個動作。

於是，揉合傳統與現代、東方與西方的各種元素後，在這張吧台，帶有

濃厚東方色彩的茶具，都是將傳統茶道中，與好喝無關的部分去蕪存菁，留下提升風味的必要器具，例如：紫砂壺、茶荷、茶杯、竹通、濾網、當然還有最重要的茶葉。另外，為了提升效率、精確度，揀選源自於西方的器具，例如：天平、燒杯、漏斗、水龍頭，還有藏在吧台下的恆溫熱水器。

當一切器具就位，就要進行最重要的「泡茶」。傳統茶道認為不同的茶，要講究不同的水溫、不同的浸泡時間、不同的茶葉量、不同泥料的茶壺，這些講究，都是為了綻放茶風味到最極致。我將這些有形的講究，交給每一位受過專業訓練的京盛宇夥伴，在泡茶過程中加入「試喝」這個步驟，透過試喝，細微調整每一泡茶，將風味表現到最極致。這是由於茶葉的狀態，細究之後就會發現，每天的狀態都略有差異，不一定適合同一套沖泡方式。夥伴們在安靜專注的良好心境中，深入探索風味，在人茶合一中，為每一個人奉上如同天然香水的台灣茶。

食物與食品的反思

從遇見天然的香水，到設計茶吧台、創立京盛宇，中間歷經八年的時間，幾乎每一天都與茶相伴，每一天都在體驗天然的美好。在體驗過程中，會專注在身體不同部位以及不同時間點的感受，包含喝茶前，鼻子聞到的香氣，茶湯在口腔中的味道、觸感，或是茶湯吞下去之後，身體每一處所產生的感覺。每天喝一泡茶，在無形中，身體的感受能力變得

愈來愈敏銳。這樣的感受能力，延伸到日常生活中，開始對吃下去的、喝下去的食物飲品，更有所感，漸漸地，可以分辨天然與不天然的差異，也發現我們的生活中，「食物」愈來愈少，「食品」愈來愈多。

食物和食品，這兩者最大的區別，就在於前者沒有食品添加劑，後者加了食品添加劑。有時候，吃下某些東西，一開始雖然很好吃，但過一會兒，身體會產生些許「微妙的感覺」，這些感覺通常都不太好，都會造成身體些微不適。有的時候，是對於口腔舌頭造成刺刺、麻麻的感覺；有的時候，吃完沒多久，可能會口乾舌燥；有的時候，喉嚨會有一點痛；有的時候，胃開始會有一點感覺，也不是痛，但就是會有一點不舒服；有的時候，情緒會變得比較浮躁。一開始，對於身體有這些感覺，充滿了疑問，是茶喝太多，把身體喝壞了嗎？一直找原因，最後總算了解，原來是「食品添加劑」惹的禍。

「食品添加劑」到底對於身體會有多大的影響，這個問題永遠沒有標準答案，但我相信，如果從18歲吃到48歲，每天早餐、午餐、晚餐，外加喝的飲料、吃的零食，全部加起來，要說對身體完全無害，恐怕也不太可能。所以，後來每一次去買東西，我都很認真看成分標示，如果成分有太多甲乙丙丁戊己庚辛，或是要用說文解字，才有辦法念出來的字，最後，都會被我默默放回貨架上。

重現無添加的日常生活

最令人感到意外的，原先一直以為「有外包裝」的，「有成分標示」的才是所謂的食品，後來才知道，其實在日常生活中，很多一直都沒有外包裝的，也沒有成分標示的，但很輕易就可以買到的，「被包裝」成很像是食物，不管是吃的、喝的，其實都是所謂的食品。了解這個部分之後，驚覺我們周遭，原來充斥了這麼多食品，真令人感到傷心難過沮喪。原來要獲得純淨自然的一頓飯、一杯飲料，真的沒有想像中容易。

重現無添加的日常生活，在我心中醞釀很多年，如果說天然的香水這麼美好，茶吧台的設計這麼完美，紫砂壺手沖茶又能將風味表現極致，為什麼不在一開始，就把所有品項設定為原味茶呢？在京盛宇成立之初，是我剛剛踏上經營這條道路，就像個小學一年級的學生，什麼都要從頭開始學，學了又做不好，做不好還常常踢到鐵板，經營的慘況讓我極度沒有信心，甚至連能否小學畢業（撐完六年）都無法確定。直到小學畢業後，開始唸國中，漸漸有了方向與希望，我心中沒有忘記，從創業第一天，就一直想像的美好：雖然在我們慢慢長大的過程，「食物」愈來愈少，「食品」愈來愈多。但只要我們一起相信、一起努力，在我們慢慢變老、我們的孩子慢慢長大的過程，「食品」一定會愈來愈少，「食物」一定會愈來愈多。於是，在成立的第八年，我將所有的品項調整為原味茶，成為無添加的茶飲提供者，期待你我的生活充滿台灣茶的天然好風味！

06

寧靜致遠的美好本質

有一種等待,是為了得到最好的風味;有一種緩慢,是為了感受片刻的寧靜;當這個世界充滿無數的快,我想,就讓京盛宇慢到世界末日吧!

和你分享幾個，這些年來真實發生，一直留在我心中的小故事，這些故事，啟發我、鼓勵我，同時更堅定自己要繼續分享台灣茶美好的信念。

映照內心的茶味

京盛宇的第一家店，座落在台北市東區216巷的巷弄裡，室內約50坪，室外十坪，我特別喜歡戶外座位區的佈置和搭配，牆面是深灰色的矽酸鈣板，地面和矮圍牆是灰白色的洗石子，矮圍牆上種植一整排的南天竹，椅子是霧黑色烤漆的骨架，加上棗綠色防水布，搭配乳白色的遮陽傘，鄰近防火巷有一個隱蔽的區域，裝飾了大面積的南方松，都不是昂貴的裝修材料，卻有一種寧靜舒適的氣氛。

那時候，有一位剛就讀護校，總是上晚班的工讀生文文，每次上下班，都是帥氣的男朋友騎著帥氣的野狼125接送。文文的長相可愛、溫柔善良、笑容甜美，工作認真，能請到這樣的員工，真是我的福氣。由於第一家店生意不好，所以我和所有的工作夥伴，總是有很多時間，互相練習研究泡茶的技巧，大夥兒也常常比賽泡茶，看誰的茶比較好喝，分享心得。很有趣的是，就算每個人都用同一把茶壺、同樣的水、同一種茶、同樣的茶葉量，雖然都是好喝的，但每個人泡出來的茶，都會略有不同，有的人泡出來的茶湯，總是比較香，有人的茶湯比較稠，有的韻味比較足，而文文的茶湯特色，就像她的笑容一樣，是大家公認的「甜」。有一天晚上，熟悉的野狼125從窗外呼嘯而過，驚動了矮圍牆上的南天

竹。引擎聲熄了，卻久久不見文文走進店裡準備上班，我覺得有點奇怪，走出去一看，男生氣呼呼坐在機車上不發一語，文文在轉角南方松區域倚著牆啜泣，猜想應該是和男朋友吵架了，我急忙走進店裡，指示其他同事帶著幾張衛生紙出去，先請文文進來打卡，其他事情等會再說。

這一天，一如往常，接待幾組客人之後，大夥兒開始進行泡茶小比賽，同一把茶壺、同樣的水、同一種茶、同樣的茶葉量，泡完之後，每個人用自己的茶杯，喝著各自泡的茶，準備進行心得分享，但是，每個人喝到文文泡的茶之後，都露出不可置信的表情，急忙倒給我喝，我喝了一口，連我也驚呆了，那杯茶，完全不甜就算了，竟然「鹹鹹的」，有一種淚水的感覺。我擔心是不是自己的舌頭壞掉了，把那壺茶倒給熟識的客人喝喝看，大家也說，喝起來真的鹹鹹的。

「茶有類似淚水鹹鹹的感覺」，這麼玄的事情，講給別人聽，別人還以為我瘋了，要不是真的自己親口喝到，而且在場這麼多人都有同樣的感覺，不然我怎麼樣都不會相信的。但這件事，讓我領悟，原來一個人的心境，可以從茶湯反映出來。

如果心境，可以反映在茶湯中，那麼我相信，每一次泡茶，都可以做為提升心境的練習。今天的茶湯，如果不滿意，可以察覺自我的情緒、心情，是否不如往常，然後加緊調整，別讓不好的狀態持續太久；今天的

茶，如果前所未有的出色，可能是因為最近的心理素質有所突破，那就要讓這個突破，提升為一種常態，然後再繼續提升。隨著心境不斷提升，可常保寧靜、喜悅，進而隨心所欲。

塵世中「安心」的好方法

位於鬧區的第一家店有三個特色，空間大、座位多、來客少，堪稱城市喧囂中的一畝田。所以，愛茶的客人，一個不小心走進店裡，很快就會愛上這個地方，會時常來這裡喝茶，很快地，就從客人變成我的好朋友，也變成店裡所有人的好朋友。

這些愛茶的客人，都很羨慕我，在不到 30 歲的時候，就可以從事茶相關的工作，也常常對不到 20 歲的夥伴說：「你們有緣在這麼年輕的時候，遇見好茶，這是緣分，也是福氣，要好好珍惜做這份工作的每一分鐘。」但那時可能因為剛創業，業績超爛、壓力超大，所以關於那些所謂「遇見茶的緣分說、福氣說」，都沒有放在心上，更不可能細細體會話中的內涵，甚至會胡思亂想，客人對員工說：「好好珍惜做這份工作的每一分鐘」，是不是覺得店應該撐不久，很快就要倒了……。

不曉得是不是因為客人少，上班很輕鬆，大部分的員工，都滿喜歡我的。離職之後，常常寫信給我，告訴我遇見台灣茶，是多麼美好的一件事，以及茶對他們的人生，在許多關鍵的時刻，起了很大的幫助。我想

起當年在第一間店有位愛茶的曾先生對我說的話：「現在雖然很苦，但你的內心肯定是富足的，不只是因為做著自己有熱情的事，更重要的，是為了茶，這麼美好的東西努力。而且，你的茶道是簡單而真實的，你的員工稍微認真一點的，相信只要三個月，就能夠真正走進茶的世界，這個過程，會讓他們受用一生。」第一間店結束之後，在敦南誠品的專櫃，還遇見過一次曾先生，但因為型態的改變，沒了座位，後來就再也沒見過他。但當時那段話，我都會重複說給每一位年輕的夥伴聽，或許他們當下不一定能夠理解，就跟我當年一樣，但是，一定會在人生的某個時間點明白，茶在不知不覺中，已經成為心靈不可或缺的力量。

從緩慢中得到片刻寧靜

在京盛宇，我最不喜歡的一件事情就是：客訴。可能是小時候，只要犯錯，都會被嚴厲懲罰，心中留下了陰影。所以只要看見客服信箱、網路留言，或是公司接到客訴電話，我都會很懊悔，難過自己讓客人留下不好的消費經驗。即便到現在，雖然客服信箱的管理，已經有其他同事負責，但其實我每天都還是會主動看看有沒有客訴信件。

「紫砂壺手沖茶＋原創冰鎮技術＋獨家設計隨身瓶」，是我自認為接近完美的茶飲表現形式，為什麼說「接近」完美，而不是完美呢？因為它的製作流程，比其他所有飲品都慢。從創業第一天開始，當所有人看到我們是這樣泡茶的，無論是朋友、媒體、客人，甚至員工都會問我，這杯

茶比手搖茶和咖啡都慢上許多，為什麼不事先泡好？你確定客人願意等嗎？就算願意，等久了也一定會被客訴的。

說實話，當初真的沒想這麼多，只是覺得就是要這樣泡茶，茶才好喝！比起傳統茶道喝茶，也已經快上許多了，而且大家都覺得泡茶很難，如果可以親眼看到茶葉沖泡成茶湯的過程，多看幾次，就不會覺得難啦！但是問世之後，眾人提出的質疑，不禁讓我很擔心，是否大家會因為不願意等待而不購買，是否會因為等太久而客訴。經過這麼多年下來，我的擔心看來是多慮了。關於泡茶這件事情，只有因為同事在泡茶的時候，跟其他同事聊天，被嚴重地客訴之外，卻從來沒有被客訴過「茶飲等太久」，這真是出乎我意料的結果。

還有一次，得知一位朋友常常去買京盛宇的茶，我好奇一問：「不會覺得要等很久？」沒想到，這位朋友竟然回答一段出乎意料，卻讓我覺得非常暖心的一段話：「看你們這樣泡茶，真的覺得很費工，但應該也是因為費工，所以才不錯喝吧！而且這樣子泡茶，會讓人想起小時候，爺爺泡茶給我們喝的那種感覺，現在還喝得到茶壺沖的茶，我個人感覺京盛宇是滿有誠意的，而且泡茶的人都很專心，看著他們泡茶，內心覺得滿放鬆、滿舒服的，偶爾慢下來等個幾分鐘，也挺好的，反正如果不想等，就先點茶，去其他地方逛逛，待會再回來拿就好了。」每一句話，都直說到我的心坎裡，這位朋友，一定是上天因看見我的辛苦，所以派一位

天使下凡來給予鼓勵，當時真應該把這位朋友說的話錄下來，每天睡前聽一遍，保證夜夜好夢。也因為這一段話，讓我相信：有一種堅持，是為了致敬美好的事物；有一種等待，是為了得到最好的風味；有一種緩慢，是為了感受片刻的寧靜；當這個世界充滿無數的快，我想，就讓京盛宇慢到世界末日吧！

07

茶飲包裝

茶飲包裝是為了打造全新的台灣茶體驗。以往的台灣茶消費經驗,多半是在茶行消費茶葉的過程,但現代人生活形態改變後,消費的「場域」以及消費的「媒介」,都應該跟隨時代的腳步調整。

賦予台灣茶的嶄新面貌

「京盛宇存在的目的，就是為了讓台灣茶的美好，更貼近每一個人的生活。」這些年來，無論是公開演講、行銷文案，這一段話，出現的次數已經不計其數了，其中最關鍵的兩個字就是「貼近」，也是我創立京盛宇的初衷。只要張開嘴巴，就能感受台灣茶的天然滋味，我想，這就是現代人與台灣茶最短的距離。所以，從創立的第一天開始，就決心以「茶飲」為最主要的產品。

決定要為身邊的每一個人，親手泡杯茶，但卻發現不是每一個人，都願意喝這杯茶。不喝的原因，不是因為茶不好喝，而是覺得「喝茶是一件很老派的事情」，所以，為了讓每一個人，願意喝下我親手泡的茶，必須賦予這杯茶一個嶄新的形象、面貌。

考察茶飲市場所有的杯子，不外乎就是紙杯、透明塑膠杯，其實只要在設計的環節，多用點心，還是可以很好看。但我始終認為，既然這是一杯市場從來沒有出現過的「紫砂壺手沖茶」，那就應該把它裝在一個從來沒有人拿來裝茶的容器裡，除了好喝，還要好看，讓人想要馬上擁有。

除了「前所未有」，更重要的就是「定位」。台灣擁有豐富多元的茶樹品種、得天獨厚的生長環境、百年來與時並進的製茶工藝，因此成就了全世界最好的茶。既然是全世界最好的茶，就應該裝在一個能展現它的價

值與地位的容器，並應該盡其所能透露它的樣貌。進一步來說，包裝茶飲，也為了最大化「貼近每一個人的生活」這個目標，雖說傳統茶道是以喝熱茶為主，但飲品市場即便是冬天，還是以飲用冰茶為主。綜合以上概念，我選定了 PET 作為飲品容器，PET 的最大特性是質輕全透明，可以將茶湯美好色澤全都展現出來，這正是我們想要的容器。

從模仿到進化的隨身瓶

在參考市售所有礦泉水瓶子的造型之後,決定向來自挪威的「VOSS」致敬。很可惜的是,即便是自行開模製作,在瓶蓋質感的部分,始終看不見VOSS的車尾燈,難怪有句話說「一直被模仿,從未被超越」,大概就是這個道理!

瓶子製作完成之後,命名為「隨身瓶」,初衷是希望可以讓每一個人能隨時隨地與台灣茶零距離。但對於一個裝茶的容器來說,這個設計,可能太創新了,所以上市之後,雖然引起很多人的好奇、注意,卻也讓京盛宇常常被誤認為是在賣香水或洗髮精的公司。

不可否認的是,在品牌成立初期,知名度不夠,大多數人對於茶的品質是沒有信心的,所以很多人購買茶飲,都是因為想要得到這個時尚漂亮的瓶子。但至少這樣的設計,解決了「喝茶很老派」這個問題,也開啟很多人第一次特別的喝茶經驗。至於是否願意再來買第二次,就是考驗我們自己的茶飲品質是否到位。

為了更進一步落實「茶來張口」的目標,我們也嘗試在許多重要的時刻,推出屬於不同節慶、活動的隨身瓶,通常推出這種限定版隨身瓶,反應都非常兩極,褒貶不一,不過這些嘗試,都是為了讓喝茶這件事情,找到更多的可能性。

陸羽瓶

對味覺永不妥協的紙杯

除了琢磨裝冰茶的隨身瓶，裝熱茶的紙杯，也是幾經波折，才達到理想的狀態。最初的紙杯，設計以大面積茶葉紋路，結合京盛宇 Logo，結果發現裝了茶之後，會有異味，原來這個異味，是大面積印刷的油墨造成。一般來說，咖啡的風味比原味茶來的強烈，所以即使將咖啡裝在滿版印刷的紙杯，喝起來也不會感覺到油墨味。

改版之後，減少了印刷的面積，將油墨味減到最低。此外，紙杯除了作為一個「容器」，還須考量是否能加上一些其他元素，來強化喝茶的體驗感。以冰茶來說，因溫度低，而且隨身瓶的口徑窄，所以鼻腔感受到的香氣，表現不如熱茶。以熱茶來說，溫度高，香氣表現較佳，只要打開蓋子啜飲，就能夠完整感受茶湯風味。所以我們將「前中後味」的喝茶法印製在紙杯上，增添喝熱茶的樂趣。

紙杯的故事到這邊還沒有結束。因為打造獨特而完美的台灣茶體驗，是京盛宇的使命，讓茶永恆進化，是每天的功課。在油墨味減少之後，卻開始感覺有一股塑膠味，原來是紙杯內壁塑膠膜遇熱後產生的味道，其實裝熱咖啡也是會產生這個味道，但咖啡風味強烈，喝的時候會把這個塑膠味蓋過。

我曾經一度因為這個問題，考慮乾脆不要賣熱茶，因為自己喝不下去的

京盛宇

PERMANENT
REVOLUTION
OF TEA

茶

紙杯 2.0（新款 PP 淋膜）

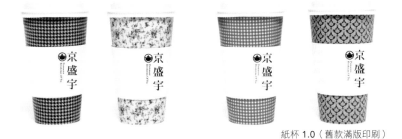

紙杯 1.0（舊款滿版印刷）

東西，真的不想拿出來賣。向紙杯廠商反應之後，廠商表示市場上並沒
有其他飲料店，有類似的困擾，加上我們紙杯的採購量也不大，所以初
期不願意解決這個問題。後來不斷與紙杯廠商溝通、爭取，廠商最終從
日本進口品質最好的 PP 淋膜，取代原有的材質，才大大降低塑膠味。至
此，紙杯的工程才告一段落，總算沒有讓所謂「獨特而完美的台灣茶體
驗」掉漆。

從味覺體驗延伸到正能量

茶飲包裝一直以來，走的每一步、做的每一件事，都是為了打造全新的
台灣茶體驗。以往的台灣茶消費經驗，多半是在茶行消費茶葉的過程，
但現代人生活形態改變後，消費的「場域」以及消費的「媒介」，都應該
跟隨時代的腳步調整。於是，為了貼近大家的生活，我們把場域搬到百
貨商場裡，改以消費茶飲為主。

品牌經營多年之後，我開始思考，京盛宇的茶，除了創造味覺體驗，是
否還能為大家的生活，創造更多美好價值？過去關注的視野角度，是整
體現代人的生活，經累積固定的顧客且漸漸熟悉樣貌之後，我們想把關
注的視野，聚焦在不同消費群體各自的生活，不管是初入職場的社會新
鮮人，工作壓力與責任愈來愈大的中階主管，或是新手爸爸、新手媽媽。

The biggest adventure you can take is to live the life of your dreams.

—— Oprah Winfrey ——

人生最大的冒險，就是為夢想而活

夢想瓶

品牌之路不易走，每一位顧客的每一次消費，都是京盛宇能夠持續向前行的關鍵力量。感恩每一位顧客給我的鼓勵，我也深深希望，京盛宇除了扮演提供一杯好茶的角色，也能成為每一位顧客生活中，關鍵時刻的鼓舞力量。

所以，在2017年企劃「生活前行，風味隨行」的主題，瓶子上印製美國林肯總統的名言 "I am a slow walker, but I never walk backwards."（我走得慢，但我從不退後。）期盼每一杯茶，都能夠創造無數正能量，鼓舞大家勇敢突破生活中的每一個困境！

08

無價的相聚時光

我希望，我的京盛宇，能夠透過一杯茶，為每一個人創造親子間無價的
相聚時光，哪怕多一次也好，我相信，這些畫面，有一天一定會成為你
我最珍貴的記憶。

最甜美的兒時回憶

很多人問我，喝茶搭配什麼甜點比較對味，由於我心裡也沒有答案，所以到處試了不少甜點。試很多年以後，得到的結論是：口中一旦有甜點的甜味，就嚐不出茶湯的甜味了。但在我心中，一直有一個「銅鑼燒」，是母親牽著我的手去買的，它的甜，雖然會讓我嚐不出茶湯的甘甜，卻能夠讓我想起，兒時與母親相處的甜美回憶。

小學的時候，每逢週日，如果睡個午覺，醒來發現窗外黑了，太陽下山了，我就會大哭，因為天黑，就代表玩樂的時光結束。這時候，媽媽總會安慰我，沒關係，下個禮拜還是會有星期天。我也常常在週一裝病，想玩不想上學，這時候，媽媽就會幫我打電話給學校請病假。那個時候，家裡兼作爸爸的辦公室，爸爸如果看我沒去上學，可能會生氣，所以白天的時候，我就找一張空的辦公桌坐著，打開課本，假裝讀書寫作業，其實，我的眼睛都在看辦公桌上被一塊大玻璃壓著的世界地圖，地圖好大好大，可是台灣好小好小，地圖最上方的蘇聯、格陵蘭，怎麼這麼大，什麼時候可以去那裡玩呢？

媽媽看我一整天在家「假裝讀書」也不是辦法，下午去銀行辦事的時候，就帶上我，雖然那個年紀也不知道銀行是做什麼的，可總覺得銀行是個好地方，有好多空的椅子沒有人坐，又可以吹冷氣。事情辦完以後，媽媽有時候會去逛街，買衣服給我，我只記得衣服店的阿姨跟我媽

說：「你看，你兒子穿上西裝，好帥喔！」到了週六便服日，媽媽會幫我穿上西裝，放學的時候，其他同學的媽媽來接自己的小孩下課，同學的媽媽看見我就說：「哇！你穿西裝好帥喔！」但其實我小時候，胖得不得了，永遠是班上前三胖的，每次學校量身高體重的時候，我都很自卑，也根本不知道什麼是「西裝」，只知道全班的同學，只有我脖子上掛著一個紅色蝴蝶結，大概是因為胖子脖子粗吧，蝴蝶結總是讓我覺得很緊，我其實有點抗拒穿西裝，可每回這樣穿，同學的媽媽都會稱讚我，久了也欣然接受了。

因為太常裝病，裝久了媽媽也知道是假的生病，但只要我不想去上學，媽媽還是會幫我打電話請假，然後藉著去銀行辦事的時候，帶我出去蹓躂蹓躂。賣兒童西裝的店，主要是賣大人的衣服，媽媽每次逛街，就很像例行性的工作一樣，會去店裡轉轉，找賣衣服的阿姨聊天，他們在聊天的時候，我會隨意地翻翻衣架上的女裝，翻到好看的裙子，就會很興奮跑去跟媽媽說：「這個你穿很漂亮。」

衣服店結束之後，下一個固定行程，就是附近的和菓子店，媽媽不見得每次都會買衣服，但每次都會買和菓子，媽媽每次都興奮地跟我說「滋養」的和菓子很好吃，叫我選一個喜歡的。基本上，大冰櫃裡面的和菓子我都沒有興趣，和菓子超級甜的，有一次被家人慫恿，半推半就吃了一口，我當時還想，怎麼不直接把糖，塗在舌頭上就好。而且那些菓

子，不是紅豆，就是大花豆、蓮子。我讀幼稚園的時候，因為每天午餐後的點心都是紅豆湯，喝了好幾年，喝到只要看見紅豆就會覺得好噁心，所以我一看到滋養裡面的和菓子，小小圓圓的，上面全部是紅豆，嚇都嚇死了，可是看見媽媽一臉期待要我選一個時，只好東逛逛西逛逛，看看有什麼好吃的。

那個年代的卡通，最流行的就是「小叮噹」（也就是現稱的哆啦A夢），只是那個年代要看小叮噹，跟現在電視打開就有「佩佩豬」不一樣，一定得去錄影帶店租錄影帶看。「小叮噹」應該算是我生命出現的第一個英雄人物，而他最愛的食物就是「銅鑼燒」。有次，總算在「滋養」冰櫃的某個角落，發現了銅鑼燒，我壓根兒沒留意到其實銅鑼燒的餡料，也是紅豆做的，反正只要是小叮噹喜歡的，我就想吃。這就好像我帶著小孩去買鞋，上面印著公主、佩佩豬、波力的鞋子，明明就醜斃了，但小孩選的永遠不是爸爸喜歡的款式。

在天上也會記得的心意

生命的河流從不後退，時間就像乘坐高鐵一般，讓我們每一個人，在不知不覺中，年華逝去。小時候，在父母的悉心呵護中長大；上學以後，在同儕師長的陪伴中漸漸懂事；出社會以後，在獨自面對社會現實的壓力過程中，遇見最重要的人生伴侶，誕下了愛情結晶；在小孩漸漸長大過程中，鏡子裡的我們，臉上的皺紋像刀子一樣，劃傷我們的臉龐。隨

著煩惱愈來愈多，野火燒不盡、春風吹又生的白髮，也宣告青春似大江東去不復返。時間，有的時候感覺不到它的無情，就像靜止的沙漠，但其實我們每一個人，早就陷進時間的流沙漩渦，究竟，生命在流沙中，高速旋轉，愈轉愈沉，有什麼是值得我們緊緊抓住，不輕易放手的呢？

昨夜獨自品著一盞茶，在感悟時間依舊像乘著高鐵向前衝的時候，驚覺這輛高鐵所用的燃料，就是我的回憶。當許多回憶變得愈來愈不清晰，許多人事物出現的場景都已經是斷簡殘篇，和父母相處的點點滴滴，幾十年下來，在腦中清晰依舊，我想這些珍貴的相處、相聚，就是每個人生命中，應該緊緊抓住、絕不放手的時刻。時常提醒著自己，在打拼夢想之際，和父母的相處機會，也正在倒數計時中。

因此，每一年，京盛宇都會在母親節、父親節，舉辦特殊的活動，雖然這些活動，沒有辦法像臥冰求鯉一樣，將孝道表現地如此淋漓盡致，也不是彩衣娛親，刻意討父母歡心。但也許，有的時候，父母要的只是一種平淡地、寧靜地相處。就像我媽總說，只要我一直泡茶給她喝，再難喝，她心裡還是會覺得甜甜的。我希望，我的京盛宇，能夠透過一杯茶，為每一個人創造親子間無價的相聚時光，哪怕多一次也好，我相信，這些畫面，有一天一定會成為你我最珍貴的記憶；這一份心意，有一天，他們在天上了，也會一直一直記得的。

喝茶配什麼甜點好？

國中歷史老師教背誦八國聯軍的口訣：「餓的話，每日熬一鷹（俄德法美日奧義英）」，差不多這些國家的甜點我都試過。上次去杜拜出差，買了一大堆當地特產，也試過台式、中式、港式等甜點。試了這麼多，得到的結論就是：

1、茶湯的風味很細緻，再好的甜點，都會些微破壞茶湯風味。要非常完整感受茶湯的風味，其實最好什麼甜點都不要吃，如果一定要吃，一定要先喝幾杯茶，再開始吃甜點，至少前面先嚐到茶味，這樣後面的茶味被破壞，也就無所謂了。

2、茶風味怕三種東西：巧克力、奶油太重、添加劑。巧克力風味強烈，無須贅言，吃了巧克力，別說茶，臭豆腐的味道可能都會被蓋過，而奶油太重的，是因為油會整個覆蓋舌頭的味蕾，當然也就嚐不出茶風味。添加劑的味道，由於不自然，入口後會破壞味蕾的敏銳度，自然難以感受茶湯的層次變化。

09

茶葉商品包裝

茶飲包裝，是為了縮短現代人與台灣茶的距離，讓每一個人能夠用簡單時尚、輕鬆親切的方式，探索台灣茶的風味。茶葉包裝，則是希望每一個人，從探索台灣茶的味覺旅程開始，延伸到探索生命的旅程。

零距離的味覺與生命探索旅程

台灣茶，是天地人交會的心血結晶，是人與大自然的細緻互動，成就它的完美。每一次喝茶，都是味覺饗宴，也是身體舒暢放鬆的開始，心靈寧靜沉澱的起點。在生活中反覆喝茶，在無數大自然純淨美好的風味中，身心靈得到大量的療癒，最終達到生命的昇華，這個過程，就是我常說的：「無數生活的美好感動，串成生命永恆的禪意。」

紫砂壺手沖茶與茶飲包裝，是為了縮短現代人與台灣茶的距離，讓每一個人能夠用簡單時尚、輕鬆親切的方式，探索台灣茶的風味。茶葉包裝，則是希望每一個人，從探索台灣茶的味覺旅程開始，延伸到探索生命的旅程。

「柴米油鹽醬醋茶」，茶是每一個人生活中必定會出現的飲品，但有的人會泡茶葉、有的人不會；有的人習慣在家裡泡茶、有的人習慣在辦公室泡茶；有的人喜歡嘗試不同風味，有的人只鍾情某種風味。我試著想像這些畫面，並依據當時品牌發展的時空背景，設計規劃不同的商品包裝，這些包裝，有的成功、有的失敗，以下就讓我與你分享，這些包裝背後的小故事。

不討喜的白色包裝（2010年）

2009年開幕將近半年之後，確認了一件事情：光靠茶飲、茶點的收入，永遠無法損益兩平，必須增加其他收入，才有機會止血。半年的過程，雖然來客不多，但來過的客人對京盛宇的茶葉品質都非常肯定，只要有自用或送禮需求的都會問：「你們有賣茶葉嗎？」，我總是尷尬地回答：「正在規劃中喔！」這個尷尬，一方面是覺得自己好傻好天真，賣了茶飲，竟不知道要賣茶葉，滿足顧客進一步的需求；二方面是，隨著時間的流逝、週轉金的減少，其實並沒有額外的資金，設計製作茶葉包裝。

當時市場上有兩個知名品牌，一個是王德傳，是以紅色為主視覺；另一個是小茶栽堂，是以黑色為主視覺，紅色喜氣，黑色大器。當時沒有經過縝密的思考，只覺得別人用過的顏色我不要用，所以就魯莽地選擇白色，沒想到這個魯莽，卻是災難的開始。對自用的客人來說，白色沒有什麼問題，可是買茶葉的客人，大部分的需求都是送禮，考量台灣的民情，白色的禮物非常不討喜，也難怪推出茶葉商品之後，總是看的人多，買的人少，完全達不到預期的效果，儘管第一次製作只做了1,000個盒子，但這1,000個盒子，直到我們離開216巷，都沒有用完，最後只好讓它塵歸塵、土歸土，回歸大自然。在此仍特別感謝，我的一位民間友人：阿范設計師，在當時京盛宇經濟非常拮据的情況下，義氣相挺、分文不取，協助我們製作了第一款茶葉包裝。

新 Logo 與經典鐵罐（2011年7月）

經營一年多之後，很確定現有的設計，從 CI 識別、產品包裝、文宣製作物，都必須改頭換面，才有機會突破現有的困境，但是「現金就是決策」，沒有錢，有好的想法也沒辦法實行。後來因緣際會，受邀進入花博設置外帶茶飲攤位，這個外帶攤位每天泡的不只是茶，還泡出京盛宇蛻變的一線生機。

在花博這半年的時間，手上開始有多餘的資金，可以進行品牌的改造，但是要找誰進行這個重生的工作？就在這時候，遇見一位有十年經驗的設計師：黃逸凡，朋友都叫他老五。長期待在專業設計公司的他，決定開始獨立接案，而京盛宇，就是他第一個客戶。我們第一次見面就一拍即合，於是很放心地將品牌改造工程交給他，如果說這些年來，京盛宇的設計在市場上有受到一些注目，老五就是最大的功臣。

首先開始著手 Logo 的改造，在十款提案中，選出以「紫砂壺」為 Logo 的設計，一來因為「京盛宇」這個品牌名和「茶」毫無關聯，希望強化消費者對三個字與茶的連結；二來，因為紫砂壺手沖茶飲，本來就是最重要的產品。接著就是茶葉包裝的改造，一年多的時間，從公版鐵罐和白色紙盒觀察比較顧客的反應，大部分的客人都覺得鐵罐比紙盒更有份量、質感更好、價值感更高（其實兩種包裝的成本是差不多）。但有了這個經驗，就決定以鐵罐作為往後主要包裝的形式。那麼，設計要如何呈

京盛宇第一代 Logo 設計

京盛宇現 Logo 設計

現?認真的老五提了快十款設計,雖然都很美,但我總覺得這些設計缺少和京盛宇的連結感。

設計雖然卡關,但總要找到核心問題是什麼。美感的呈現對老五來說,不是難事,但鐵罐的設計要如何與京盛宇產生連結,則是關鍵點。有一天,我就像阿基米德發現浮力原理一樣,澡都還沒洗好,就裸身打電話給老五說我的想法:「京盛宇第一個產品是裝茶飲的隨身瓶,隨身瓶裝的是已將茶葉沖泡後的茶飲,蓋子是黑色的,瓶身是透明的,透露自然美好、未經雕琢的茶湯色。而鐵罐裝的是還沒有經過沖泡的茶葉,是否可以試試看,將隨身瓶黑蓋和透明瓶身的比例顛倒?」同時,我把所有的台灣茶,依據風味基調分成四個系列,並且以四種顏色象徵風味基調,作為環繞鐵罐的四色貼紙。另外,為了再次強化京盛宇與茶的連結,加入茶葉重複排列的紋路和茶字。

老五聽完之後,可能因為已經提了很多款,有點無奈,所以只有淡淡地說:「可以試試看這個方向。」過沒幾天,猜測他也是澡沒洗好,就裸身打電話給我,因為平時說話語氣冷靜的他,此時也按耐按捺不住心中的興奮說:「你趕快收檔案,我覺得這個方向,效果滿好的!」於是經典鐵罐就此問世,由於鐵罐一次製作最少要 10,000 支,為了不要囤貨太久,提升它的使用率,所以除了裝茶葉,也同時開發更廣為接受的茶包商品。

這個經典鐵罐，同時解決了當時遇到的幾個問題：

從品牌發展需求來說：第一、設計靈感來自於核心產品隨身瓶，與品牌產生連結，再進行品牌改造、開發新品的時候，不至於太突兀。第二、透過「茶字」、「茶紋」，除了紫砂壺的Logo，可再次強化京盛宇與茶的連結。

從顧客體驗角度來說：第一、象徵四系列風味基調的顏色，簡化顧客購買流程，基本上喜歡果香蜜韻的顧客，就會很直覺將目光停留在粉紅色的鐵罐。第二、大器穩重略帶創新的風格，能同時滿足自用或送禮的需求。因此，經典鐵罐這一系列的商品，也是累積銷售件數最多的，在當初命名「經典」，回頭看確實實至名歸。

京盛宇

茶

三色茶紋紙包裝（2012年11月）

經典鐵罐上市後，由於反應不錯，很快地培養了一批熟客，但這批熟客
也跟我說了一件事：「昱丞，茶葉買太多，家裡已經有九支鐵罐，還差一
支，就可以打保齡球了，看你是打算之後賣保齡球，還是考慮推出其他
材質的包裝。」客人的幽默歸幽默，卻給了我當頭棒喝。如果能在包裝
的材質上改良，讓包裝更輕便，這也是提升消費經驗的一種做法，但其
實對任何一款包裝，我在美感上要求的標準，就是「撕開會聽見心碎的
聲音、丟棄會懊悔三天三夜睡不著覺」，於是，精心設計了三色包裝紙，
材質採用頗有手感的模造紙，搭配茶壺 Logo 加茶紋的重複排列。

在茶葉的容量上，同時推出比鐵罐更多的品味包、更少的輕巧包兩種選
擇。品味包在定價上比鐵罐划算，以滿足有大量需求的自用客人；輕巧
包是為了滿足想要嘗試新風味，一開始不敢買太多的客人，或是滿足小
伴手禮的需求。這個系列的產品，因為同時解決許多非常切身的問題，
所以推出後非常熱銷，但不到一年的時間，我們就決定結束它的生命，
原因就是在包裝的工序上，實在是太費工了。

盒裝單包袋茶（2013年5月）

在袋茶這個商品的製作上，京盛宇一直堅持使用完整的茶葉，不是用茶
末，為什麼呢？以同一種茶葉來比較，茶末風味釋放地很快，但比較不
甘甜，完整的茶葉釋放風味，需要比較長時間的浸泡，但通常比較甘

三色茶紋紙包裝

甜。選擇完整的茶葉做袋茶，同時為了方便茶葉舒展，所以採用的是三角立體茶包。從 2011 年推出後，袋茶一直都是暢銷商品，當時推出的是鐵罐系列的袋茶。

鐵罐裡面裝的是裸包，所謂「裸包」，就是鐵罐的蓋子打開後，裡面有一個真空袋，真空袋剪開，裡面一顆顆茶包就是裸包。風味選了四種，其中一種是老茶，因為數量稀少，上市一年後停產，剩下三種風味。即便是袋茶，在風味選擇上，也是有學問的，因為某些茶種仍舊需要特別的茶具及沖泡技巧，才能淋漓盡致表現茶湯風味。所以要作為袋茶的茶種，一定要滿足這個條件：能用簡化的沖泡程序，但不能簡化茶湯的口感；用最方便的沖泡方式，還要能有驚喜的風味。

在鐵罐裝袋茶推出二年之後，我相信，增加不同的包裝形式，以及更多元的風味選擇，一定能夠讓更多人享受泡茶的樂趣。於是，採用「單包」的包裝形式，外袋的設計延續一貫對美感的堅持標準：「撕開會聽見心碎的聲音、丟棄會懊悔三天三夜睡不著覺」，所以這款單包袋茶，順利成為國內許多飯店的客房用茶。在外盒上材質的選擇上，因為理解眼球是無法享受茶湯的美好風味，為了讓眼球也能有舒適愉悅的感受，所以採用透明的 PET 盒，極致化視覺饗宴。

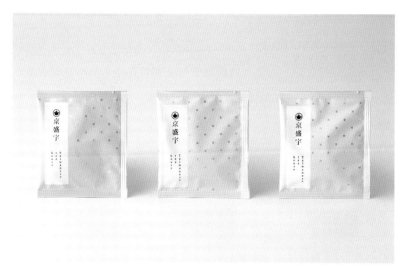

單包袋茶

盒裝單包袋茶

品味盒、輕巧盒（2013年10月）

有了三色包裝紙的經驗後，由於手工包裝實在太繁複，也容易破損，除了改進此問題之外，也思考還能在使用上如何升級？前車之鑑告訴我們，暢銷的同時也必須要簡化包裝流程，但除此之外，還能否為顧客解決更多的問題呢？由於當時品牌的發展，已進入第五個年頭，已經有許多顧客，因為喝了茶飲，愛上台灣茶，慢慢培養出想要自己動手泡茶的興趣，那麼，有沒有可能在這個包裝上，讓泡茶這件事變得更簡單？

首先，這個包裝，既然是紙，除了包裝功能，也應該具備「沖泡說明」，所以我們把巧思設計在「開闔之間」：闔起來的時候是包裝紙，展開來的時候是沖泡說明書。再來，為了要讓泡茶這件事情更簡單，首先要定義什麼是簡單，然後這個簡單，是關乎好不好喝這個最核心的問題。這裡所指的核心，就是「茶葉量」，只要能夠很簡單的計算、得知，茶葉要放多少，基本上這個茶就有80分了。所以在沖泡說明書上面，我設計一個計量的小圓圈，只要用茶葉把圓圈鋪滿，就是150c.c.一次需要的茶葉量，最後，秤好茶葉，還要兼具茶荷的功能，所謂「茶荷」，就是方便將茶葉放入茶壺的工具。

從鐵罐客人對輕便的需求，延伸到讓泡茶變得更簡單，這個過程，更讓我們理解，除了美感，更重要的是，從各種角度去思考一個包裝存在的必要性。

品味盒、輕巧盒

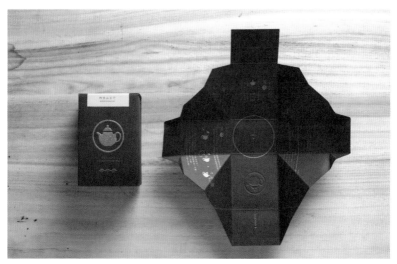

品味盒、輕巧盒展開

一期一會三入分享包（2015年6月）

我最愛的歌手陳奕迅，有一首粵語歌叫「沙龍」，歌詞描述的就是，人生在不同階段、每個當下的美好，應當好好把握住，因為生命的每一刻，都不會重新來過，永遠只有一次。所謂「活在當下」，於茶道而言，就是「一期一會」的道理。

但茶道僅僅是生活中的一小部分，如果可以珍惜、把握每一個當下、片刻、須臾，那必能體會「無數生活的瞬間感動，串成生命永恆的禪意。」

這是茶道給予我對於生命的認知與體悟，也希望更多人，不僅僅是用相機，而是用心拍下、攝入，生命的一切珍貴時光，於是「一期一會三入分享包」就此誕生。為什麼是三包袋茶呢？就是希望無論是一個人獨處、兩個人相聚，都能夠透過一杯茶，感受生活與感動生命。盒子的背面，特別設計成一張明信片，期盼在現代生活中，當遇見生命中真的真的很特別的時刻，依舊可以拿起筆，記錄當下的心情或是獻上對某人的祝福。

五十分之一（2017年7月）

2016年沒有新品誕生，但一直有一件事，烙印在我心中：就是讓台灣茶的美好，更貼近每一個人的生活。設計一直是京盛宇呈現一杯好茶的重要環節，過去七年都是委託外包設計師，為了讓這件事情進行得更加完美，需要一個 in-house 的設計師。我從50封履歷中，選了三位設計師進行面試，再選出其中一位進行第二次面試，決定把京盛宇設計工作的重責大任，交給剛畢業年僅24歲的彭鈺婷Fisher。她年紀很小、身材也很嬌小，但小小的她，卻有著讓人無法忽視的巨大潛力，也讓我看見京盛宇更多不同的可能性。

七入袋茶隨行包，是Fisher來到京盛宇之後的代表作，這一系列商品，上市第一個月，就在六間門市熱賣3,000包。

一直以來，紫砂壺手沖茶飲，開啟很多人第一次喝台灣茶的體驗，可是要讓台灣茶成為大家生活的一部份，光靠茶飲是不夠的，畢竟京盛宇沒有幾百、幾千家店，要常常喝到不是件容易的事，而且我認為，動手泡杯茶，是茶道最有趣的部分，即便是泡茶包，看著熱水接觸茶包，香氣洋溢，然後開始做手邊的工作，等待茶葉精華釋放，以及水溫達到適口的溫度，這個過程真的非常寧靜美好。

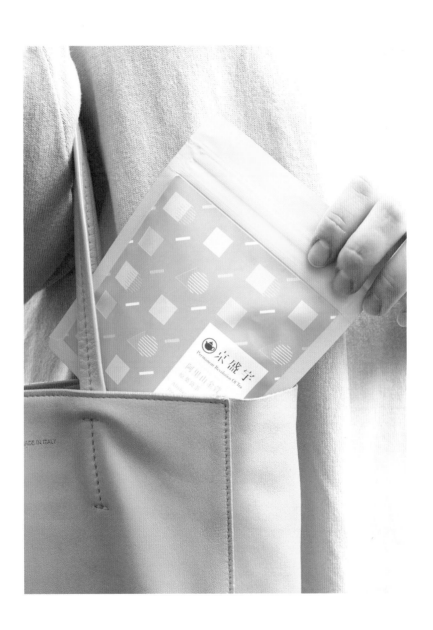

那麼，原有的鐵罐裝袋茶、盒裝袋茶，不就可以讓大家體會泡茶包的樂趣嗎？只能說，當時年紀小、經驗淺，很多事情想得不夠深入、透徹，我始終認為，一定還能做出更貼近生活的產品。

以包裝材質來說，「鐵」帶有一種高冷的感覺，「透明塑膠盒」比較親切，但觸感還是硬的。以袋茶入數來說，「鐵罐袋茶」是 20 入，「盒裝袋茶」是 8 入，20 入似乎有點太多，而且不管是 20 和 8 在當初設定的時候，只是定價上的考量。以設計風格來說，鐵罐和盒裝當時設計的時空背景，都是依據品牌發展當時的需求。

如果材質可以更親切、更柔軟……，如果入數可以少一點，一次能體驗不同風味……，如果主視覺，是將風味圖像化，看到畫面就好比感受茶風味，而且，這每一個畫面，都能讓每一天心情更美麗，為每一天注入滿滿正能量。

如果，這三個願望可以實現，相信台灣茶將更貼近你我的生活，這世界將會更加美好。我們決心朝這個美好，堅定不移，勇敢前行，風味隨行。於是，七入袋茶隨行包就此誕生。

10

禮盒設計

我認為，好的包裝雖可以創造一時的業績，但好的產品才能得到顧客一世的認同，包裝作為綠葉襯托產品這朵紅花，務必要恰如其分、點到為止，不可以反客為主。

小時候家裡經商，逢年過節，父親都會送禮，家中也會收到很多禮物。印象很深刻，常聽到大人說：「這禮盒也太過度包裝了，盒子和紙袋加起來的錢，都比裡面的東西昂貴吧！」然後就會看到大人把這樣「本末倒置」的禮物，再轉手送出去。發生這樣的情況，我想對於送禮者和收禮者，都不是好的經驗。

在禮贈品市場中，涵蓋食衣住行育樂六大類產品，選擇千百種，常常可以發現很多「厚禮」，在包裝做足了的功夫，盒子的重量和硬度「異於常盒」，不禁讓人有「驚為天盒」之感嘆，這禮盒如果從樓上掉下來砸到人，肯定需要叫救護車，但內容物卻充分表達「千里送鴻毛，禮輕情意重」的情懷。

我認為，好的包裝雖可以創造一時的業績，但好的產品才能得到顧客一世的認同，包裝作為綠葉襯托產品這朵紅花，務必要恰如其分、點到為止，不可以反客為主。商品規劃者一定要盡力滿足送禮者在傳遞祝福、表達感恩之餘，送出一份高端大氣上檔次禮品的心理期待，但同時要避免收禮者拆封禮物前的心情如騰雲駕霧，拆封禮物後墜入萬丈深淵的期待落差。

發想商品概念、思考產品定位，永遠都不是一件容易的事，在規劃禮盒的

時候，也曾經一度過分追求包裝，陷入追求業績的泥淖，每當我搜索枯腸、殫精竭慮，卻仍舊百思不得其解的時候，一位茶產業前輩說過一段話，就宛如明燈，浮現腦中：「古人說，開門七件事：柴米油鹽醬醋茶，前面六件事情講的是生活必需，也就是溫飽，溫飽之餘才喝茶，所以茶的定位是高於生活必需品，卻不是遙不可及的。」於是，京盛宇的茶禮盒就定位在「人人消費得起的奢侈品」。雖然有清楚的指引，但這些年，設計過的禮盒，失敗的仍是多於成功的。

過渡時期的禮盒（2010 年）

創業首年的後半年，資金幾乎燒光了，在沒有多餘資金應用的情況下，為了解決白色紙盒不討喜的問題，只能用最少的錢找尋資源，克服眼前的難關。後來發現，公版鐵罐不需要大量囤貨，一箱大約 100 支，有需要再下單隔天就到貨。製作貼紙也是一個省錢的好方法，雖然貼紙一次要印好幾百張，但是總價很低，貼在公版鐵罐上，樣子也還過得去。那麼送禮需要的禮盒呢？進一步瞭解之後，發現禮盒有兩種，一種是乾盒，就是用一般的卡紙，設計面主要透過印刷呈現，也就是需要上機大量印刷的彩盒，每次會有一定的製作量，一般都是 1,000 個起跳，雖然每個單價低，但總價高；一種是濕盒，主要運用美術紙本身的質感，不需上機印刷，設計面一般就只是燙上 Logo，可以少量製作，雖然每個單價高，但 100 個就可以做，所以總價低很多。

公版茶葉罐＋濕盒

公版茶葉袋＋濕盒

小時候看電影〈侏羅紀公園〉，裡面有一句名言：「生命會找到出路」，就在我創業 180 天後發生了。雖然沒有很多預算，但為了解決眼前的問題，所以努力學習禮盒製作、平面印刷的知識，然後勒緊褲帶，勉強擠出微薄的預算，終於得以製作濕裱盒，搭配公版鐵罐、公版茶葉袋、貼紙，開發出兩款禮盒，滿足送禮需求。

三入經典禮盒（2011 年）

經典鐵罐誕生後，緊接著著手禮盒的設計。因為覺得鐵罐的設計實在太「經典」，所以決定在禮盒的設計，延伸鐵罐的概念。同樣採雙色的配置，比例上一比一，讓整體呈現穩重大器的感覺，並加上和鐵罐一樣的 Logo 和茶紋的組合。因為茶葉分成四種風味基調，希望顧客能有多元的風味體驗，所以在宣傳照的設定上，都會出現三種不同顏色的茶罐：清香系列（藍綠色）、熟香系列（墨綠色）、特殊風味（粉紅色），另外一個系列是窖藏系列（咖啡色），也就是老茶，但老茶由於數量有限，所以一直都不是主力商品。

在美感上，經典鐵罐加上三入經典禮盒的設計，確實在當時的茶葉禮盒市場，注入新氣象，但是在實際銷售，「三入」反而遇到許多問題。首先，「三入」看似提供多元選擇，其實也造成顧客在送禮時的障礙，因為許多要送禮的顧客，可能不太懂茶，也不確定要送的人喜歡什麼風味，更擔心自己選的風味，要送的人不喜歡，選一種就很難了，何況要選三種。再來，

三入經典禮盒

對於大宗訂購的公司行號來說，通常都有預算的限制，三罐茶先天價格就會偏高，所以常常對客戶提報商品時，客戶看了商品的設計以及試喝茶葉都很滿意，可是等到考量最敏感的價格預算時，就只能對我們說聲抱歉。基於這些理由，在其他款式的禮盒，逐步誕生之後，我們在 2015 年，結束這款禮盒的生命。

墨金禮盒 （2013 年 11 月）

2013 年，京盛宇獲選為金馬獎第五十屆指定茶葉品牌，恰逢金馬影展五十週年，在這個別具歷史意義的重要時刻，精心設計了「墨金禮盒」，作為上千位貴賓的指定禮品。在設計發想的時候，希望能用最簡單的元素打造最低調的奢華，因此，在色調上延續金馬的主視覺—黑與金。然後採用黑卡加燙金的方式，並刻意突顯京盛宇「紫砂壺手沖」的核心概念，以燙金加上打凸的「紫砂壺」作為禮盒的主要視覺，並加上「Permanent Revolution Of Tea」（茶的永恆進化）的字樣，期許台灣茶在時代的交會點成功轉型，讓更多人感受台灣茶的甘甜美好。

喜沐春光禮盒 （2015 年 9 月）

自 2013 年底墨金禮盒問世之後，受到各方熱烈迴響，銷量立刻超越三入經典禮盒，除了低調奢華的設計風格，在贈禮市場大受好評，「二入」所切入的價格帶，也是大眾消費市場較能接受的區間，於是，開始著手思考另一個二入禮盒的選擇。

墨金禮盒

原有的墨金禮盒，陽剛味濃厚，大部分的購買者，是以男性為主要贈禮對象。因此，需要一個以女性顧客為主要訴求的禮盒，為了讓風格能夠令人耳目一新，我們委託新的設計師：鄭惟之。惟之在學生時代，曾經在京盛宇打工過，優秀認真的她，對京盛宇的點點滴滴十分熟悉，新的禮盒由她來操刀，我非常放心。

在設計過程中，曾經有一款禮盒，是以「品味，來自心中的寧靜」的概念發想，設計圖出來之後，大家一致認為美得足以讓人感動掉淚，可惜打樣之後，卻發現照片比本人美十倍，因此只好捨棄。於是，惟之另以「喝一杯茶，讓味覺和嗅覺帶你去旅行。穿過幽蘭盛開的小徑，迎著山嵐緩緩前行，清甜的小溪在舌間蜿蜒，陽光穿過樹梢，灑了滿地金光，峰迴路轉，每一個轉彎後面，都是醉人的風景。」為設計概念，喜沐春光禮盒就此誕生。上市之後，如同預期，成功擄獲女性顧客的喜愛，年銷量與墨金禮盒並駕齊驅。

新經典禮盒（2017 年 8 月）

雖然前面兩款墨金禮盒、喜沐春光禮盒，銷售成績都滿好，但內心一直有小小的遺憾，就是它們的樣子，還沒有完全符合，我所認為「經典」的樣子，於是把這個難題，交給 Fisher 來處理。第一次她提了八款，在其中兩款的設計中，勉強找到了一些「經典」的影子，於是溝通後，將這些影子結合試試看。但就算把這些影子湊合，也說不上所謂的經典款。

喜沐春光禮盒

所謂「經典」，必定要緊緊扣住「京盛宇」的理念。有次，Fisher 無意間拿起了茶界名著《台灣茶你好》，看見了「京、盛、宇」這三個字的意涵，讀完之後猶如醍醐灌頂，思緒豁然開朗，腦中靈光乍現，於是新經典禮盒就此誕生。「京」代表成就一杯好茶的堅持，京是量詞，代表數量很多，我們堅持將種茶、製茶、泡茶，這過程中無數個環節完美結合，只為成就一杯好茶。「盛」代表呈現一杯好茶的設計，盛是茂盛也是器皿，我們致力設計符合現代人文字語言、美學風格的全新喝茶文化。「宇」代表感念一杯好茶的心意，宇是上下四方的空間，當我們喝到這杯好茶的同時，請感念台灣的土地、氣候，以及台灣自然與人文的美好價值。

外盒的藍綠色，象徵「茶與水的交會」；外盒的四種顏色圓點，象徵「四系列風味的茶湯色」；每一個排圓點都是 17 個，象徵「與你一起」喝茶（同時也是創辦人的幸運數字）；內盒的環環相扣的圓圈，是茶湯，也交疊出茶葉，象徵「京」的內涵：「無數環節的完美組合」；紙盒本身的方形與內盒的圓圈，代表天圓地方，象徵「宇」的內涵：感念台灣。

這款禮盒，雖然很「京盛宇」，卻説不上「經典」，雖然銷量還不錯，可是有許多設計細節，在實際印刷製作中，無法呈現地很完美，於是上市後不久，就決定不再生產。

新經典禮盒

單罐禮盒：如水、心竹、霞映、穀豐 （2018 年 1 月）

2017 年的春節前，收到一份來自坪林茶業博物館寄來的禮物：「郭元益150 週年紀念禮盒」，這個禮盒是大師聶永真操刀設計，聽說上市就搶購一空，感謝劉館長的厚愛，寄了一盒給我。由於設計製作的每個細節都太完美了，東西吃完以後，空盒就一直放在我的辦公室中，三不五時就拿起來把玩、賞閱，心裡想著，要在某年某月某天，致敬大師聶永真。

感謝永真兄，設計如此美好的作品，給予京盛宇許多啟發及想像，透過內部團隊的集思廣益，加上 Fisher 的設計，在 2018 農曆年前，打造出這款，有史以來我最喜歡的禮盒。

2017 年中，品牌的發展走向，嘗試以味覺體驗為基礎，進而為顧客創造生活中更多美好價值，期盼成為每個人關鍵時刻的鼓舞力量，從一杯茶得到滿滿的正能量，這個方向，得到許多顧客的認同。所以，禮盒作為傳遞祝福、表達感恩的情意，假如這份情意，能昇華成力量，一種帶領每個人，順利朝夢想前進的力量，我相信，「送禮」這件事情，會變得更有意義！

生命從不後退，夢想也應該永不止息，每個人在追尋夢想的旅途中，如果內心永遠如同竹子般堅定、正直；遇到挫折阻礙，心情永遠如同湖水般平靜；完成任務後，窺見天際一抹彩霞映照；實現夢想後，生活如同稻穀豐收滿足；我相信這會是旅途中，最美好的四個畫面。於是，這四個畫面，

用四個顏色象徵，分別是「心竹綠、如水藍、霞映紅、穀豐褐」，期盼每個人的每一天，都比昨天更好！

單罐禮盒

11

品牌的靈魂

從遇見台灣茶、到探索台灣茶，進而希望用京盛宇連結現代人與台灣茶，然後自我實踐台灣茶的過程中，反省反思日常生活的消費習慣，以及重新看見台灣茶的美好本質。

每一次產品打造出來之後，無論是茶飲、茶葉，我都天真地以為會大賣，再經歷一次又一次的絕望、失敗之後，漸漸明白，產品問世，只是第一步，距離「大賣」尚在千里之外。經營品牌幾年後，深深認知，品牌是創辦人靈魂的展現，而產品只是展現靈魂的一種方式，假如創辦人無法透過其他方式，讓所有的人清楚理解，這個既抽象又無形的靈魂，企圖想要傳遞的情感與理念，品牌的運作將會產生巨大的危機。

從公司內部的運營來說，每天朝夕相處的工作夥伴，假如無法理解京盛宇存在的意義與價值，那麼要如何做好行銷以及教育訓練的工作？如此一來，每天面對顧客的門市夥伴，當然無法向顧客傳遞品牌精神，這個時候，不管產品設計得多麼美麗，不管打八折、打七折，甚至打到骨折，永遠是乏人問津。

這樣的惡性循環，曾經活生生、血淋淋在京盛宇不斷重複上演，就像電影〈玩命關頭〉，從第一集拍到第八集，永遠拍不完，永遠都有續集。當時的我，內心充斥著有志難伸、懷才不遇的負面情緒，經營情況籠罩在一片愁雲慘霧中，在黑夜中看不見曙光，沒有希望、毫無方向，靈魂也同時身陷囹圄，宛如籠中之鳥，大概只有倒閉，才能讓惡夢結束，得到解脫。

過去的生命歷程成就現在和未來

2011年10月5日發生一件大事，蘋果電腦的創辦人史提夫‧賈伯斯過世了，因為他的離去，更多的人關注他曾經說過的話，更多的出版品出現在便利商店、書店。曾經被〈不同凡想〉這個影片深深影響的我，也買了由數位時代發行的雜誌《不朽‧賈伯斯》。 雖然早已經在網路上看過無數次他在史丹佛大學著名的演說 "Stay Hungry, Stay Foolish." 但或許是因為他的過世，這次我特別認真關注演說的第一個故事，關於他創辦蘋果電腦前所經歷的一切，關於那些串起他生命的點點滴滴，其中有一段話，給了我當頭棒喝，「你不可能有先見之明，只能有後見之明，因此，你必須相信，這些小事一定會和你的未來產生關聯。」我開始認真回想過去發生的林林種種，篩選出依然存留在我內心深處的大小事。國小、國中、高中的老師，偶爾還會在腦中想起，心裡還會有一些感激的，大部分都是教我藝術科目的老師，感謝美術老師教我懂得欣賞印象派、野獸派、超現實主義的畫風，感謝書法老師讓我認識宋徽宗，雖然把國家搞得幾乎滅亡，但寫的瘦金體真的超帥；感謝音樂老師不上課，讓我們看猜火車，原來這世界上有這麼酷的電影。

上國中時酷愛作文課，每週二早自習要寫一篇作文，前一天就問國文老師題目，晚上在家就先構思文章的起承轉合，文章的第一段是最重要的，究竟要用開門見山法，還是倒敘法，還是名言錦句法？每次完成一篇文章，心中都有難以言喻的快感，訓練了兩年，考高中聯考的時候，

作文拿了 42 分，國文老師說很可能打破了北聯的紀錄，直至今日一直非常自豪這件事情。

求學階段的人生經驗

國中的時候，媽媽聽聞某英語補習班是外籍老師授課，而且位於學校附近，便主動替我報名，叫我週六中午放學後，自己吃完午餐後去上課。同學們週六總是愉快地回家，計畫下午要玩什麼，唯獨我孤零零在學校附近解決午餐，等著兩點上課。更慘的是，第一次上課老師在白板上寫他來自的國家 Germany，我唸成哥們，全班哄堂大笑，恨不得找個洞鑽進去，回家以後跟媽媽哭求再也不要去上課了，媽媽冷冷地回：「你愈討厭的事情，就是你愈需要做的事情。」硬著頭皮上了兩年，打下了深厚的英文口語能力，大學一年級的時候，已經可以流利地和外國人對談，這個口語能力直到我轉到法律系，再也沒碰過英文，才漸漸退化。這件事讓我深深明瞭，柿子不能永遠挑軟的吃，面對自己的不足，並克服它，才能提升自我。

上高中國文課的時候，因為不專心上課，趴在桌上睡覺，後來醒了以後，不知道哪根筋不對勁，從來不發問的我，竟然舉手問了一個單字的發音（洗馬的洗，古代的官名，讀作先），不料這個字老師才剛剛解釋過，只是那時我在和周公下棋，當場被老師狠狠訓了一頓，自己深感羞愧，發誓從此以後一定要懂得「尊師重道」。

上大學當選系學會會長，對著全班同學報告系學會整年度規劃的活動，以及宣示今年的系學會，將會有大創舉、大突破。但我相信那一次的報告，應該讓很多投票給我的人，後悔投給我，簡單的幾件事情，講的結結巴巴，想要煽情卻變得矯情，想要激勵卻完全沒力。第一次深刻體認，原來面對眾人說話，比想像中困難一百倍，也確認自己完全沒有口才，從此以後，只要聽到口才好的人說話，會很認真聽，也會很崇拜。

天助自助者

退伍後，在父親日本公司工作的時候，當時公司經營不善，非常缺錢，工廠有一個廢棄已久的 40 呎貨櫃，反正用不到了，打算賣掉變現，公司的人詢問幾個廠商後，回報收購價是五萬日幣，雖然不懂行情，但是聽到這個數字，下巴都要掉下來了，一台手機五萬日幣差不多，一個這麼大的貨櫃，怎麼可能只能賣五萬？我日文不夠好，於是拜託在日本唸書的姊姊幫忙，經過一週的努力，皇天不負苦心人，最終有廠商回覆，收購價是 200 萬日幣。這件事讓我學會，不要隨便相信別人，喔不，是不能輕易放棄任何一個機會，一定要全力以赴，努力讓自己成為解決問題的人，讓事情往好的局面發展。

回顧這些經歷之後，也就清楚明白了。原來自己在品牌經營所遇到的問題，無法將品牌的靈魂講清楚、說明白，不是這個世界不懂得欣賞，而是自己還有很多努力不夠。

在某次因緣際會下，前輩里維 Levi，介紹了時報出版社，讓我有機會出版第一本書的時候，簡直就像是天上掉下來的禮物，我終於有機會用筆桿子，把自己的靈魂一路走來所經歷過的一切交代清楚。從遇見台灣茶、到探索台灣茶，進而希望用京盛宇連結現代人與台灣茶，然後自我實踐台灣茶的過程中，反省反思日常生活的消費習慣，以及重新看見台灣茶的美好本質，將這些故事收錄在我的第一本書《台灣茶你好》。

出版之後，常常有機會向人介紹京盛宇，如果是公開的演講，我都會事先用簡報軟體，錄音加上計時，甚至寫下每一頁要說的內容，然後熬夜練習無數次之後，才站在台上。從一開始的演說，只能從戰戰兢兢中，至少不要結結巴巴，但其實還是有點枯燥無聊地介紹品牌理念，到漸漸地能掌握台上台下的氣氛，氣定神閒地把心裡的話、走過的路，分享給每一個人，讓大家對於台灣茶能多一點感覺、感動，偶爾再帶點幽默的內容，博君一笑，當然那些幽默的內容，也是精心設計的橋段。這個過程，終於讓我明白，什麼是台上三分鐘，台下十年功。

爾後，有幸被選入 AAMA 台北搖籃計畫，擔任二期的學員，因為深知天助自助者，也深知學做生意更重要的是要學會做人，所以，雖然和眾多同學相比，我並非最出色、最優秀，但是絕大部分的老師，都非常樂意給予我指導協助與鼓勵教誨。以及與同在創業的同學，相互砥礪勉勵、無私分享、患難真情、雪中送炭，這些，都是無比珍貴的際遇。加入

AAMA 這些年，無論是能力、知識、素養，都得到長足的進步，深深感覺靈魂也在漸進提升中。我常說，沒有 AAMA，就沒有現在的京盛宇。

此生最重要的事

感謝與感恩，所經歷的過去，正在經歷的當下，以及即將到來的明天。更感激在凌晨五點鐘，即將天亮之際，有這樣的機緣，能將走過的品牌之路，我的靈魂傾訴在這篇文章分享予你。如同賈伯斯所言，從現在回顧過往，現在經歷的每一件事，都是為了將來最重要的那件事做準備。而那件最重要的事情就是，期盼我的努力，能獲得你更多的支持與鼓勵，更期盼我的文字，我的茶，對你今後的人生有所助益，如此一來，我的靈魂，在今生今世，就不虛此行了。

千人安麗企業講座

內涵

探究台灣茶的歷史以及茶葉的本質後，抽絲剝繭找到適合現代人懂茶、品茶、泡茶的方式，讓我們一起動手泡杯茶吧！

12

茶風味的三個內涵：品種、風土、工藝

「全世界最好的茶就是台灣茶」，就是因為台灣有豐富多元的茶樹品種、得天獨厚的生長環境、百年來與時並進的製茶工藝，三者在天時地利人和中完美結合，茶葉就成為「人與大自然細緻互動的藝術品」！

昨日光輝

深深地愛上台灣茶之後,渴望徹底理解每一口喝下的甘甜美好。從市場得到的商業資訊,已經滿足不了我的求知慾,於是從「為什麼會有台灣茶?」這個問題開始,一步一步追本溯源,探究台灣茶的本質。

台灣大部分的茶樹,是兩百年前由福建人帶了一百多種茶樹來到了台灣,有的茶樹品種不適應台灣的土壤氣候,就漸漸被淘汰了,有的非常適應台灣的環境,遂成為目前栽種的主力品種。最初在台灣的北部栽種,後來因為土壤逐漸貧瘠,茶園慢慢發展到中南部。

過去有很長一段時間,台灣茶是以外銷為主,外銷的製茶原則有兩個:第一、按照當地人的口味習慣製茶。例如:賣給英國人、美國人就是賣紅茶、賣給北非人、日本人就是賣綠茶,而由於北歐人飲茶口味重,所以就賣深烘焙、煙燻味濃烈的煙茶。

第二、大量製作、大量出口,因此在茶葉的製程上都是採用比較粗放的製法。全盛時期,曾將茶葉賣到全世界60多個國家,當時的台灣,堪稱世界的茶葉代工廠。多年來的外銷經驗,讓台灣茶產業累積深厚的製茶實力,所以,儘管外銷是採用較為粗放的綠茶、紅茶製程,但為了賣到世界各地,需要因應多元的價格、口味需求,無論是茶葉採栽方式、茶葉製程上,都要細膩地規劃調整,才能創作不同茶品。

所謂細膩規劃，就是要做到「物盡其用」：同一顆茶樹在一年中，要製成不同種類的茶，春天的時候，季初做頂級碧螺春、季中做包種、季末做平價紅茶；夏天的時候，季初做次級碧螺春、季中做壽眉或東方美人、季末做等級最低紅茶；在春冬交會的時候，則是做不知春。民國 1980 年以前，是台灣茶外銷時代，當時氣候因為冬天比較冷，從 11 月起，茶樹的葉子就長不太出來了。1980 年以後，因為氣候變遷，才開始有冬茶，當時內銷也開始蓬勃發展。

從外銷轉型到內銷

1980 年以後，茶產業轉型以內銷為主，這也是台灣茶擺脫代工，開始享譽國際的轉捩點。轉型為內銷有幾個原因，第一、人工、土地成本上漲，台灣茶外銷失去競爭力。第二、國民所得提高，國內市場開始有旺盛的飲茶需求。第三、茶農以「青心烏龍」為栽種主力品種，並開始往中海拔、高海拔開墾新茶園。

為什麼會往中海拔、高海拔開墾新茶園呢？外銷時代的茶園，大部分位於丘陵，歷經上百年、數十年栽種後，由於土壤貧瘠，再也無法孕育出鮮嫩肥美的茶菁。台灣的山區，從海拔幾百公尺的（新北坪林、石碇、新竹北埔、南投凍頂），到上千海拔公尺的（嘉義阿里山、南投杉林溪、台中梨山），在當年都是從未經過大規模開墾的處女地，保留了完整的地力，加上絕佳的原始自然環境，所以能夠孕育出品質絕佳的茶菁。

第四、製程升級，以製作「青茶」為主。由於在外銷時期累積雄厚的製茶經驗，所以能夠將孕育在優異自然環境中的茶菁，創作出如同藝術品般的茶葉。我個人認為，青茶（台灣茶）的口感，較綠茶少了一些刺激，較紅茶多了一些韻味。或許這就是各國遊客來台灣，紛紛指名要購買台灣茶的原因。

台灣茶的歷史，從一百多年前粗放茶的外銷開始，歷經數十年精緻茶的內銷期，但過去十多年，由於市場飲品的主力需求開始轉為咖啡，茶產業開始面臨凋零的危機，如何在這個老的產業，開闢出一條新的道路，是目前重要的課題。假設這本書賣到 2028 年甚至 2038 年，我深深期盼可以為這段台灣茶歷史，增訂以下內容：「從 2018 年開始，台灣茶找到了符合現代人生活步調、美學風格的呈現方式，歷經十年、二十年的發展，成為島上居民，日常生活不可或缺的飲品」。天佑～台灣茶！

茶風味的三個內涵

了解台灣茶的歷史之後，對一個消費者來說，接下來更重要的是，這份美好風味從何而來？要搞清楚、弄明白「一杯茶」風味的緣由，比「一盤菜」複雜多了。舉例來說：「糖醋排骨」看名字起碼就知道有酸有甜，但是「輕焙凍頂烏龍」，從字面來說，要分別認識「輕焙」、「凍頂」、「烏龍」所代表的風味內涵，再把這三件事情組合後，才是這杯茶的完整風味，雖然稍稍有一點難度，卻也是它有趣之處。

品種

台灣的茶樹有非常多種，種類多到有時候連茶農都分不清楚，那為什麼會有這麼多種茶樹呢？除了當年福建人帶了一百多種茶樹來到台灣，台灣還有一個官方機構「茶業改良場」，不斷培育新品種。那這麼多不同品種的意義何在？難道只是為了讓茶農分不清楚，或是為了混淆消費者？茶農為什麼不乾脆只栽種兩、三種茶樹就好了？其實，上帝造物都是有意義的，它的重要價值就在於「每一種茶樹，都有獨特的香氣」。

「品種」這兩個字很抽象，我們用「花」來做比喻：玫瑰、茉莉、桂花、玉蘭、梔子，每一種花都有獨特的香氣，茶樹雖然都長得很像，但香氣都不同。不過，生長在茶園的茶樹，用鼻子直接去聞，是聞不到香氣的。茶樹的香氣，必須要透過製茶工藝才能轉化出來。

台灣目前常見的茶樹有三種：四季春、金萱、青心烏龍。四季春，生長力強，產量大，有類似梔子花的香氣，大部分用機器採收（人工採收，又稱手採茶；機器採收，又稱機剪茶，兩者在同樣的工時中，採茶量是 1：100）。金萱，是茶業改良場首任場長吳振鐸先生育種的代表作，並且以其祖母的姓名命名，特色是奶糖香，深受陸客喜愛。青心烏龍，是目前茶湯表現最優異的品種，也是高山茶的代表品種，特色是蘭花香。

風土

我人生第一杯茶就是梨山的高山茶，從此之後，一頭栽進高山茶的世界，很長時間被所謂「山頭氣」搞得迷迷糊糊、暈頭轉向，多年後，終於歸納出心得：「不同的產地，孕育茶樹不同的氣質。」氣質這兩個字很抽象，卻也是台灣茶的迷人之處。如果用「人」來做比喻：這世界有兩個林昱丞，一個在台灣長大，一個在美國長大，從小到大吃的、喝的、穿的、看的、聽的都不同，美國長大的那個林昱丞，應該在氣質與行為上都會和台灣的大不相同。

所謂「山頭氣」，就是茶園所有的自然條件，包含了陽光、空氣、土壤、水……等等。在台灣眾多山頭中，較具代表性的就是阿里山、杉林溪、梨山、大禹嶺。所以，同樣一棵帶有蘭花香的青心烏龍茶樹，種在阿里山，會孕育出清新淡雅的蘭花香；種在杉林溪，會孕育出剛勁且帶有木質基調的蘭花香；種在梨山，會孕育出優雅而迷人的蘭花香；種在大禹嶺，會孕育剛柔並濟的蘭花香，時而氣勢滂礡、時而柔情萬千。

工藝

茶的古字是「荼」，荼毒的「荼」，多了那一橫，表示荼本身是帶有刺激身體的成分，必須要透過製茶工序，降低刺激身體的成分，才能夠飲用。隨著製茶技術不斷地演進、提升，讓「不同的工藝，造就茶湯不同的風味」。

製茶工藝有很多種，常常聽到，也最常誤會的，就是「發酵和烘焙」。「發酵」這個部分最難，在過去學茶的過程中，我花了很多年才大致有基本的認識，希望以下這段介紹，能幫助你認識更多，同時在腦中建立六大茶系的基本輪廓。

從茶樹採收下來的葉子，還沒做成茶葉的半成品狀態，稱作茶菁，茶菁帶有酵素，離開了茶樹，還是會繼續進行發酵作用。如果希望茶葉喝起來，保有類似「植物、葉子」鮮嫩自然原始的口感，在採茶之後，要盡快利用高溫把酵素破壞，製成不發酵的綠茶。反之，充分利用茶菁的酵素，讓酵素竭盡所能轉化葉片其他成分，就會製成帶有果蜜香的全發酵紅茶。

目前台灣大部分的茶，都是製成介於綠茶和紅茶之間的半發酵「青茶」。採茶之後，經過萎凋、浪菁，才利用高溫破壞酵素。萎凋和浪菁會造成茶菁發酵，更是台灣製茶工藝的精髓所在，因為製茶師傅必須依據茶菁生長過程的不同狀態，搭配做茶當天的濕度、氣溫、風向……等等，才能決定萎凋、浪菁的程度，這兩個步驟做得好，就可以大大降低茶菁刺激身體的成分，並轉化出花香或果香。這樣的製法，讓青茶兼具綠茶的鮮嫩風味及紅茶的花果香。

「烘焙」也是製茶的重要工序，所有的茶最後都需要烘焙降低水分，以利茶葉保存。但是「烘焙」的偉大之處在於，讓製茶師傅能夠依據茶葉不同的狀態，以及自身對於茶風味的想像，透過不同烘焙溫度、時間的控制調整，能將同一種茶葉，創作出無數風味。在一些老茶行常將茶葉分成半生熟、三分火、七分火、全熟，基本上就是輕烘焙、深烘焙的區別，「輕焙茶」略保有葉片原始的口感及蜜香，「深焙茶」帶有焦香和蜜香。不過烘焙引出的蜜香，基調比較類似麥芽糖的路線，不同於發酵的水果蜜香。

「形狀」不同的茶，風味表現有沒有什麼差異呢？為什麼英式紅茶、包種茶、東方美人都是條索狀或是散狀呢？為什麼高山茶都是球形呢？塑形的製茶工藝可分為兩種：「揉捻」、「團揉」，簡單來說，揉捻成條索狀的茶，香氣表現突出；團揉成球形的茶，韻味表現突出。

我常說，「全世界最好的茶就是台灣茶」，就是因為台灣有豐富多元的茶樹品種、得天獨厚的生長環境、百年來與時並進的製茶工藝，當屬於自然面的「品種、風土」，與屬於人文面的「工藝」，在天時地利人和中完美結合，茶葉就成為「人與大自然細緻互動的藝術品」！何其有幸，這樣美好的事物，就在我們身邊！

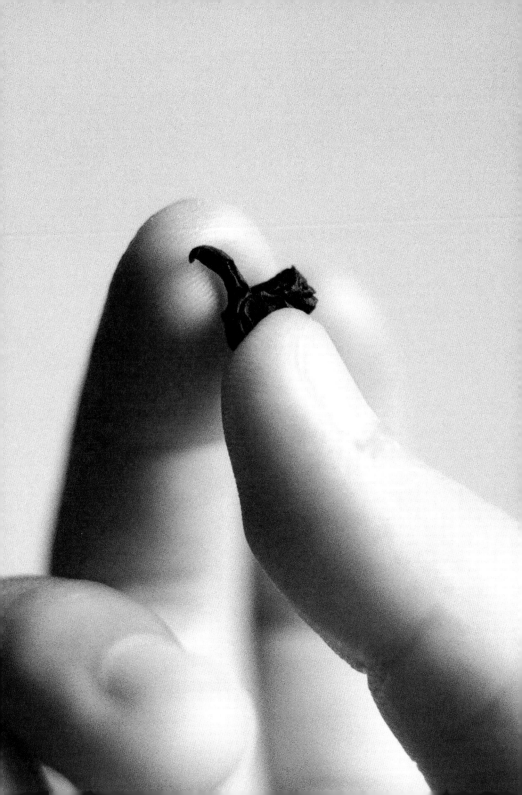

六大茶系

六大茶系是以發酵程度區別。當年在學習的時候，綠茶是不發酵茶、紅茶是全發酵茶，這兩種滿容易理解的，但所謂青茶是半發酵、黑茶是後發酵、黃茶是輕發酵、白茶是微發酵，長期以來都是靠死背記憶的。多年後理解其關鍵在於「殺青」，「殺青」是利用高溫破壞酵素，不同國家、不同茶種、不同習慣會用不同方式，例如：「炒菁、烘菁、蒸菁」。

全世界的茶，基本上以綠茶、紅茶、青茶、黑茶數量居多，黃茶、白茶數量則相對較少。

綠茶

採茶後，立刻殺青將酵素全部破壞。

不發酵茶：採茶▸殺青▸揉捻▸乾燥

黑茶

殺青「後」，透過渥堆發酵。

後發酵茶：採茶▸殺青▸揉捻▸渥堆▸揉捻▸乾燥

紅茶

採茶後，不殺青，充分利用酵素。

全發酵茶：採茶▸萎凋▸揉捻▸發酵▸乾燥

黃茶

工序同綠茶，但多了渥堆悶黃，產生些許發酵。

輕發酵茶：採茶▸殺青▸揉捻▸乾燥▸渥堆悶黃▸乾燥

青茶

以殺青為工序的中點，前「半」段的工序萎凋、浪菁，造成發酵。

半發酵茶：採茶▸萎凋▸浪菁▸殺青▸揉捻▸乾燥

白茶

不殺青、不揉捻，萎凋時產生些許發酵。

微發酵茶：採茶▸萎凋▸乾燥

13

烏龍茶搞烏龍：
懂茶、品茶的快速入門

所有關於茶道最重要的一件事，就是「茶風味」，構成茶風味的三個內涵
就是「品種、風土、工藝」，京盛宇茶種的命名原則，就是依據這三個內涵，
希望讓大家更加了解台灣茶，包含它的自然面與人文面。

進入正文前，先動動腦！下列何者不是茶種？

a、包種茶

b、東方美人

c、青心烏龍

d、輕焙凍頂烏龍

（解答在文中）

烏龍茶搞烏龍

我們時常聽到的「烏龍茶」究竟是指哪一種茶？茶葉界一般認為就是「球形的半發酵茶」，可是這個學理上的分類方式，一般年輕消費者不太能理解。首先「半發酵茶」這四個字，雖然看得懂，但感覺異常陌生；再者，在平常接觸得到的茶，就有不是球形，名字卻帶有烏龍二字的茶種，例如：白毫烏龍（東方美人）。

我時常在講座中，詢問現場的聽者：「你認為的烏龍茶喝起來是什麼味道」？10 個人有 11 種說法：有人說是褐色茶湯，喝起來味道強烈，感覺有點濃的凍頂烏龍；有人說是碧綠色茶湯的高山烏龍；有人說是帶有奶糖香的金萱烏龍；有人說是茶葉形狀呈散狀，帶有果香蜜韻的白毫烏龍；有人說條索狀的包種茶也是烏龍茶……等等。

當然，這種眾說紛紜的現象，有很大的責任要怪罪於「烏龍茶」的名氣太過於響亮。做茶的最終目的就是要賣茶，取個響亮一點的名字，當然可以賣得比較好，於是就出現各種命名法。「產地＋烏龍」：名間烏龍、凍頂烏龍、阿里山烏龍、杉林溪烏龍、高山烏龍；「品種＋烏龍」：四季烏龍、金萱烏龍；「製茶工藝＋烏龍」：炭焙烏龍；「茶葉或茶湯型態＋烏龍」：白毫烏龍、紅水烏龍，除此之外，茶商依據販售需求，命名出創意與美感兼具的「某某烏龍」，那更加不計其數了。

不再烏龍的命名原則

所有關於茶道最重要的一件事，就是「茶風味」，構成茶風味的三個內涵就是「品種、風土、工藝」，京盛宇茶種的命名原則，就是依據這三個內涵，希望讓大家更加了解台灣茶，包含它的自然面與人文面，例如：「輕焙凍頂烏龍」，品種是青心烏龍、風土是南投凍頂、工藝是輕烘焙。部分茶種，現有名稱已廣為人知，故沿用，例如：東方美人、蜜香貴妃茶。

再者，由於台灣島上有「豐富多元的茶樹品種、得天獨厚的生長環境、百年來與時並進的製茶工藝」，讓小小的台灣，茶葉風味百百種。為了讓大家在茫茫茶海中，更加容易找到自己喜歡的風味，我依據風味基調，再簡化為四類：清香系列、熟香系列、特殊風味、窖藏系列。

在「清香系列」的茶種中，主要是感受品種獨特的香氣以及風土孕育的氣

質；在「熟香系列」的茶種中，主要是感受不同烘焙程度，細膩溫潤的口感。這兩個系列茶種最多、產量最大，是目前台灣茶的主流。在台灣茶的歷史中，某些茶種曾經紅極一時，但目前因為產量逐漸減少、品質不復當年，可是它依舊存在，或者是它的製茶工藝獨樹一格，有別於主流茶種，這些茶大部分都帶有特殊的花果香氣，所以我將它們歸類為「特殊系列」。「窖藏系列」，也就是老茶，經過多年的歲月陳化，釀造出內斂深沈的氣質，並且在舒服柔和的酸澀口感中，更深層地透露往昔的自然條件、製茶手法，造就與今日所有茶種不同的風味基調。

清香系列

原始自然的茶質，豐富的後味體驗

不知春

冬茶與春茶間的四季春，
飄散濃郁的梔子花香。

阿里山金萱

金萱樹種特有的奶糖香，
觸動味蕾的驚喜口感。

清香阿里山烏龍

淡雅的花香和柔順的甘甜，
品味高山茶迴盪口中的芬芳。

清香杉林溪烏龍

原始杉木林造就獨特的山頭氣，
蘭花香中帶有木質基調的醇厚。

清香梨山烏龍

迷人的蘭花冷香和果膠質口感，
展現青心烏龍最美麗的姿態。

熟香系列

烘焙溫潤的口感，細膩的中味體驗

輕焙凍頂烏龍

交織茶香和蜜香古早味，
是記憶中的經典好味道。

輕焙杉林溪烏龍

獨家烘焙法引出無瑕的細緻蜜味，
是京盛宇輕烘焙茶種的自信之作。

輕焙阿里山烏龍

經文火烘焙的阿里山烏龍，
轉化出高山茶內斂的花果甜香。

深焙杉林溪烏龍

琥珀色的茶湯飄逸焦香，
濃郁的口感保有成熟的甘味。

鐵觀音

茶湯甜美香醇，滋味濃郁，
感受剛柔並濟的觀音韻。

特殊風味

特殊的花果香氣，美好的前味體驗

白毫茉莉

稀有珍貴的品種白毛猴，
與茉莉花窨製夢幻般的香甜口感。

桂香包種

細膩精湛的揉捻製茶工藝，
造就出融合山林自然氣息的桂花香。

156

高山小葉種紅茶

以青心烏龍茶樹製成紅茶，
帶有迷人柑橘香和絲綢般的口感。

蜜香貴妃

風味近似東方美人，
帶有濃郁嬌豔的荔枝果香。

東方美人

如初戀般的酸甜口感，
品嚐果香蜜韻的幸福滋味。

窖藏系列

歲月陳釀的風味，內斂深沈的氣質

二十年老烏龍

石碇的風土特色為茶韻剛勁醇厚，
經多年的反覆烘焙，
醞釀豐富和諧的味覺層次。

窖藏鐵觀音

珍貴稀少的鐵觀音老茶，
酸韻豐沛紮實。

窖藏老凍頂

未經覆焙的凍頂老茶，
經由三十年歲月的自然陳化，
譜出最迷人的台灣茶歷史。

一分鐘學會品茶：「前中後味」

從文字語言認識茶種及茶風味之後，更重要的是，從自己的感官，親身體驗文字語言所描述的感受。從前喝茶的時候，前輩告訴我，這杯茶有蘭花的香氣、果膠質的口感，喝下去之後會生津、回甘，甚至有氣貫天靈的感覺。對當時初學的我來說，勉強可以理解什麼是蘭花香、果膠質的口感，但到底什麼是生津、回甘、氣貫天靈，這些感受，在很多年以後，才漸漸體會。

在理解台灣茶的風味內涵之後，我明白不管是什麼茶，它的風味都是由「品種、風土、工藝」三個內涵組成，這三個內涵都各自對於茶湯刻畫了印記，造就氣味豐富、層次多元的風味，同時也會對舌頭、口腔、喉頭、丹田等身體部位，產生感受。

嚴格來說，只有某些品種特有的香氣，才能用具體文字形容，例如：四季春的梔子花香、金萱的奶糖香、青心烏龍的蘭花香，但其實有更多品種的香氣，難以形容。此外，如果要具體適切說明，各身體部位的感受，就難上加難了。連有形的身體感受，都這麼難了，那如果是無形的心靈感受呢？喝下一杯絕世好茶，有人彷彿沐浴在雲霧繚繞的原始山林；有人會內心波濤洶湧，擔心以後再也喝不到這麼好喝的茶，然後在地上打滾後，眼角淡淡地流下一滴淚。

作為一個品牌經營者，我每天想的都是：「如何讓台灣茶親切沒有距離？」喝一杯茶可否不要出現武俠小說才有的字眼呢？有沒有一種方法，能夠讓大家一分鐘就學會喝茶？某一天，就在我搜索枯腸，百思不得其解時，一道靈光浮現腦中：「台灣茶不正是天然的香水嗎？」於是，借用香水「前中後味」的概念，將一個喝茶的過程，拆解成三個部分：

前味：喝茶「前」，鼻子聞到的氣味。

中味：茶湯在口腔「中」，感受的味道和觸感。

後味：茶湯吞下去之「後」，身心靈所有的感受。

如此，從「說答案」，到「教方法」，一分鐘就可學會品茶。每回跟朋友介紹「前中後味」的品茶法後，我還會補充說明這個方法，不僅僅限於喝茶，吃任何的食物，喝任何的飲品，都可以透過這樣的方式，反覆練習，也可以強化自我的感受力，培養分辨食物、飲品「本質」好壞的能力……。不過，通常講到這裡，早就沒有人在聽，因為大家都已經拿起茶杯，開始自我探索台灣島上最天然的香味旅程了。

■ **中味**：喝茶時，口腔感受到茶湯的甘甜度和滑潤度。愈甘甜、愈滑口，代表茶的品質愈好。

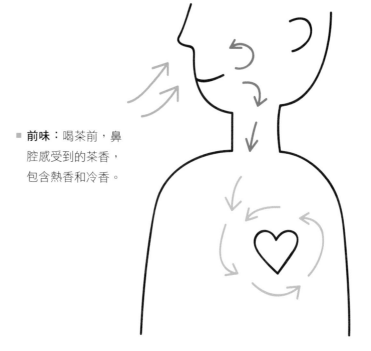

■ **前味**：喝茶前，鼻腔感受到的茶香，包含熱香和冷香。

■ **後味**：喝完茶，身心靈一切的美好感受，包括殘存口腔的茶香、韻味，以及貫穿全身舒暢感，延續的時間愈長、感受愈強，代表茶的品質愈好。

14

泡茶的10個講究

這些年,我始終聚焦在「只為了日常生活中的好喝而講究」的部分,讓也想開始泡茶的你,只要透過「10個講究」,就可以在生活中,輕鬆自在地沖泡出甘甜美好的茶湯。

買茶葉的三大原則

泡茶的第一步，就是要知道如何選購茶葉。

茶葉要如何選購呢？作為品牌的經營者，其實我很想告訴你，最簡單的方式，就是去京盛宇！但身為作者，要對出版社負責，更要對讀者負責，所以在這裡還是要跟大家分享，過去身為消費者的我，十年買茶的心得。

買茶，一定要先了解自己喜愛的風味，毫無頭緒的話，可以翻一翻本書前一篇關於茶風味介紹的部分。各家茶行茶種命名或許不太一樣，但店家通常可以依據你對於風味的形容，推薦茶品。初次買茶，絕對會緊張，就跟第一次與交往對象牽手一樣。

目前台灣 99% 的茶行都有提供試喝，但務必記得幾個重要的原則：

第一、「試喝是用嘴巴喝，不是用耳朵喝。」在試喝的時候，要用嘴巴、心靈去感受，茶湯是否有帶給你任何美好的感受，這個過程，得讓自己的心慢下來、靜下來，才能細細感受，所以請記得關上耳朵，暫時不要理會店員的介紹。

第二、「臉皮要厚」，十多年前的我，尚未發福，臉皮薄，常常喝了不喜歡的茶，但因為店員殷勤地介紹款待，還是買了茶，事後非常懊惱。永遠

記得，喝到不喜歡的茶，就算店家已經泡了三、五款茶，真不喜歡就要勇敢拒絕。

第三、「少量購買」，就算試喝的時候很喜歡，也請記得先少量購買，為什麼呢？因為大部分的店家永遠比你會泡茶，買回家自己沖泡的時候，很有可能發生原來茶湯沒有想像中美好，這就跟戀愛一樣：「因誤解而在一起，因了解而分開。」所以建議大家戀愛的腳步可以放慢一點，喔不是，建議大家先少量購買回家沖泡，用自己的器具手法泡了還是很滿意，下次再去多買一些。

泡茶的第二步，就是要認識茶具。

泡茶的器具百百種，不外乎三種材質：玻璃、瓷、陶。「玻璃、瓷」毛細孔小，吸水性低，不會影響茶湯，所以沖泡時，能夠將茶湯風味如實呈現。建議初學的你，以瓷的蓋杯開始練習，幾百元就買得到。為什麼要從價格便宜的蓋杯入手呢？首先是因為瓷不會改變茶葉風味，對於認識、熟悉、記憶風味，有很大的幫助，更重要的是「價格便宜」，通常幾百元就可以買到順眼合用的款式。剛開始泡茶，手還是會怕燙，在還沒有熟練的情況下，難免會打破茶具。我剛開始泡茶的時候，買了一把上萬元的紫砂壺，還不到三個月，有一次就因為燙手，蓋子掉了下來，不巧又從茶盤掉到地上，墜落的瞬間，同時聽見心碎的聲音。

「陶」毛細孔大，吸水性高，沖泡過程會轉化水質，所以陶土的等級、陶土的種類，對茶湯影響很大。假設有一把品質很好的陶壺，要泡出好茶易如反掌，但假設不小心選了一把品質很差的陶壺泡茶，再好的茶葉，也會從天堂掉到地獄。

個人認為，目前最適合沖泡台灣茶的陶壺，就是中國江蘇省宜興產的紫砂壺。「紫砂」是一個統稱，有不同泥料，一般有紫泥、朱泥、黃泥、烏泥等等，還有成千上百種壺型，價格從幾百元到幾十萬元的都有。建議先從幾千元的朱泥壺（紅色）入手。為什麼要選擇幾千元的朱泥壺呢？根據我的經驗，要買到幾百元的朱泥壺不難，但是要買到「合格」的，除非是高手，才能分辨真偽，不然市面上大部分幾百元的朱泥壺，泥料、製壺工藝、燒壺工序都不純正，價格才如此低廉，充其量只是一把看起來像朱泥壺的贗品。

當然，也不是愈貴的茶壺，就代表泡茶愈好喝，因為通常幾萬元以上的茶壺，都是所謂「名家壺」，也就是大師級的作品，價格只是反應觀賞及收藏的藝術性。有趣的是，朱泥壺的壺坯，在入窯燒製完成後，整把茶壺會縮小 30%，容易產生皺紋、變形、開裂，所以大師一般都不喜歡用朱泥作壺，因為製壺的失敗率極高。不選擇其他泥料，而選擇朱泥最重要的原因就是，朱泥壺有強大的「揚香」功能，茶湯舒爽輕盈，同時也能夠使茶湯產生綿密柔滑的口感。

10 個講究

茶葉茶具選好之後，就可以開始泡茶了。常被朋友問到關於泡茶，究竟有哪些該特別留心注意的事情？我只能說，在茶道的世界中，有無數的事情可以講究，每一個講究都有它的意義，但重點是這些講究，有些對於生活在都市叢林的我們，顯得門檻太高。這些年，我始終聚焦在「只為了日常生活中的好喝而講究」的部分，讓也想開始泡茶的你，只要透過「10 個講究」，就可以在生活中，輕鬆自在地沖泡出甘甜美好的茶湯。

講究 1：水質

「水為茶之母」水質不好，再好的茶葉都會變得很難喝。不過，對於大部分的人來說，除了加裝過濾器，把重金屬、氯氣、雜質過濾掉，大概也沒辦法多做什麼事情來講究水質，除非有幸居住在山上，引山泉水泡茶。不過，可以試著了解，日常生活中有機會泡茶的場所水質的差異，例如：我的辦公室和住家裝設同樣的過濾器，但是同一款茶，在家裡泡出來的茶湯，總是好喝一些，猜測應該是管線問題，所以比較高級的茶葉，通常就在家裡泡。

講究 2：煮水

當特別有喝茶的雅興，我會把瓦斯爐開最小火，耐心等待水燒開，因為慢火燒的水，比大火或是快燒壺，泡茶好喝許多。水一旦燒開，也不要繼續燒太久，或是涼掉了再次煮沸，這樣的水對茶湯來說都是扣分的。

講究 3：水溫

日常生活中，可以常常見到氣溫計、體溫計，但很少人家裡有水溫計（不是魚缸用的那種），所以如果一定要講究什麼茶葉用幾度的水沖泡，那還得另外去買一隻水溫計。另外，對於初學者來說，一開始講究水溫，很難累積有系統的泡茶心得，重點在於很難得知水燒滾之後，等幾分鐘水溫會下降多少度，何況冬天、夏天室溫不同，降溫速度也不同，所以不建議初學者講究水溫。我個人的經驗是，只要茶葉夠好，即便是不同種類的茶葉，一律用剛燒好的沸水沖泡，反而更好喝，這就是「真金不怕火煉」的道理，利用高溫更能夠徹底釋放茶葉所有的精華。

講究 4：泡茶器具

坊間有此說：「高山茶用朱泥壺、熟茶用紫砂壺，不同茶要用不同壺，味道才不會亂」。在尚未累積足夠泡茶經驗的時候，把這些說法當作傳說就好了，因為它或許存在，但現在的你暫時無法體會。強烈建議，初學者不要過度講究泡茶器具，從手邊最容易取得的茶具開始練習。大部分的人家裡都有玻璃或瓷的茶具，操作簡單，也正好能如實地反映茶葉的特色與風味，對於記憶茶葉的味道效果很好。建議泡茶的茶壺，先反覆使用同一個，完全熟悉上手了，再開始用其他茶壺練習，不同的茶壺泡同一款茶，風味確實會有差異，務必等到對於同一款茶、同一個茶壺熟悉之後，再去體會這個部分的樂趣，以免造成混淆。

講究 5：茶杯

茶杯，也就是飲茶容器，為什麼這個可以認真講究呢？首先，大部分的茶
杯價格低，買許多不同材質、形狀的，也不會花很多錢。再者，不同材質、
形狀，對於風味都會有影響。簡單來說，花少少的錢，就能有多種風味體
驗的樂趣。最重要的是，茶杯是最直接也最容易感受茶湯風味差異的器
具。茶杯的材質也不外乎是瓷、玻璃、陶，材質影響風味非常明顯，大部
分的人都能感受其中的差異。有趣的是，同樣材質，如果形狀不同，喝起
來味道也不同。甚至，同樣材質、形狀，釉色不同，味道也不同。我個人
偏好，杯壁薄的白瓷高杯，風味飽和，而且就口的感受較為俐落細緻。

講究 6：溫壺

玻璃或瓷的茶壺，我個人覺得，溫壺與否對泡出來的茶好不好喝，影響沒
有這麼明顯；陶壺建議溫壺，但假設是朱泥壺，不建議用沸水直接澆淋茶
壺，朱泥壺在瞬間受熱有可能產生裂痕，可以先將沸水倒進玻璃或瓷的器
具，讓水溫略微降低，再淋澆在朱泥壺上。

講究 7：洗茶

洗茶的主要功用是清洗灰塵和醒茶。茶葉在製作過程多少會帶有些許灰
塵，藉由洗茶，避免喝下灰塵，同時茶葉會略微舒展，利於茶葉釋放精
華。不過切記，洗茶不要洗太久，時間一拉長，精華就釋放了，但卻將洗茶
水倒掉，等於倒掉了精華。另外，常有人問，洗茶是否可以洗去農藥呢？

必須要說，效果不大，但也不需要太過擔心農藥的問題，因為茶樹使用的農藥，大多是脂溶性的，所以不會溶解於茶湯中，但如果直接將茶葉吃下肚，是有可能吃下微量農藥的。

講究 8：茶葉量

茶葉量是這些講究中，最為重要的，我常說，茶葉量只要放對了，那麼這泡茶保證在水準之上，究竟什麼才叫「對」？有幾個部分必須先理解：

（1）茶葉量的「量」是重量，不是體積

以一把 120c.c. 的紫砂壺來說，文山包種茶 3 ～ 5g，就幾乎要塞滿茶壺了，但阿里山金萱就算放 10g，也只能把茶壺底部鋪滿。初學者常常會誤以為，已經放很多包種茶了，或是金萱還放得不夠多，結果造成包種茶太淡，金萱茶太濃的悲劇。

（2）不同形狀的茶葉量：球形 > 條索狀、散狀 > 細碎條索

茶葉經過團揉工藝，能強化後味感受，卻也讓茶葉精華，在同樣浸泡時間下，像較於其他形狀的茶葉，最不容易釋放出來，所以量要放最多。我的經驗是，球形茶（四季春、金萱、高山茶）要比條索狀、散狀（文山包種、東方美人）多 20%，比細碎條索（白毫茉莉）多 100% 的量。

（3）同種茶葉，形狀不同：完整形狀＞破碎形狀

茶葉在製作、包裝、運送過程，難免會碰撞而產生碎末，所以買一包茶葉回家，剪開真空袋之後，通常袋子上部的茶葉比較完整，下部的比較破碎。茶葉較破碎，接觸熱水的面積較廣，所以可以相較完整形狀的茶葉，放少一些，以免過濃。

（4）喝茶的人數：愈多人喝，茶葉量要放愈多

喝茶，是喝茶葉的精華，茶葉量愈多，精華愈多。假設 10g 茶葉的精華，最完美的比例是沖泡 300c.c. 的茶湯，那麼泡 500c.c. 的話，茶湯就沒那麼好喝，畢竟精華有限。所以當喝茶人數增多的時候，泡茶的人一定要考量當時的場合氣氛，是每個人只分配一杯茶，還是會一直喝。假設是一直喝的場合，那麼茶葉量一定要適量增加，讓茶葉有足夠精華，呈現在每一杯茶湯中。

（5）茶壺容量

不同容量的茶壺，要怎麼下茶葉量？以球形的茶來說，除非是一些特別高的茶壺，或是下寬上窄的茶壺，不然最簡單的方式，就是鋪平容器底部；若是條索狀的茶，體積較蓬鬆，投放的茶葉就大約要佔整個茶壺空間，三分之一或二分之一滿。

講究 9：浸泡時間

講究浸泡時間，就是為了避免泡出太淡或太濃的茶湯，盡可能讓濃度適中。那麼當熱水注入茶壺後，究竟要讓茶葉浸泡多久？坊間常見關於浸泡時間的教學方法，例如：第一泡 30 秒、第二泡 45 秒，以後逐泡增加秒數。這個方法可以作為入門的參考，但是要真正學會泡茶、控制濃度，首先要了解完美的濃度，來自於「茶葉量」、「水量」、「浸泡時間」三者的完美結合。所以不妨多多利用手邊的器具，大膽地嘗試調整，找出自己最喜愛的口感與濃度。

一般來說，我會將濃度分成五個等級。（1）偏淡：有水味。（2）略淡：無水味。（3）適中：無水味，口腔有舒服柔和的壓感。（4）略濃：無水味，口腔有適合茶風味的壓迫感。（5）偏濃：無水味，口腔有不舒服的強烈壓迫感。水味，顧名思義，就是水的味道，如果不太清楚什麼是水的味道，可以準備兩個杯子，一杯裝茶，一杯裝水，交替著喝，慢慢就會理解什麼是水的味道。壓感，則是後味的一部份，通常會在舌頭、牙齦有一種舒服柔和的包覆感，和造成口腔不適的苦澀感不同。

講究 10：茶要喝幾泡？

老一輩的人，常常一壺茶，泡一整天，泡了幾十泡，只要沖出來的茶還有茶色，就一直沖，多半有不想浪費茶葉的心態。前面章節有提到，茶的古字是「荼」，既便透過製茶工藝降低刺激身體的成份，但這些成份還是無

法完全從茶葉中去除，所以一泡茶葉，如果要喝得這麼淋漓盡致，總會喝下很多刺激身體的成份。

喝茶，應當是享受美好風味的過程，如何定義這個「美好」？我認為，一泡好茶，有自然的「甘甜」，是絕對必要的。既然是享受，就要讓這個過程，結束在最美的時刻。如何讓這個過程，結束在最美的時刻？關鍵就是，如果在喝某一泡的時候，發現茶湯開始失去甘甜，那麼從這泡之後，就可以不要再沖了。而且，我的經驗是，這泡之後繼續沖、繼續喝，胃很容易出現不舒服的感覺，很有可能關於甘甜的成份釋放結束後，緊接著就開始以釋放刺激身體的成份為主。另外，如果覺得茶不夠耐泡，有時候是因為茶葉量放太少了，可以在下回泡茶時，略微增加茶葉量，再次體驗茶葉是否耐泡。

15

京盛宇的泡茶心法

茶樹從植入泥土那一刻開始，歷經大自然的孕育、歲月的洗禮，茶菁再經過製茶師刻劃風味，最終成為茶葉來到我們手中，而泡茶，這最後一個環節，就是即將要把蘊含在茶葉中的精華，轉化為甘甜美好的茶湯。

泡茶七大原則

要怎麼樣才能泡出100分的好茶？這些年努力鑽研學習，得到一些心得，在此與各位分享。

一、好的茶葉　50%

這個道理很簡單，如果你給日本壽司之神小野二郎一條臭掉的魚，他也無法捏出好的壽司。當你選到好的茶葉，再怎麼不會泡茶，茶湯也能有50分的水準。

二、安靜專注　10%

從「茶的本質」來說，如果以「寧靜」來形容喝茶當下的感受，相信沒有人會反對。茶帶有寧靜的本質，讓內心平靜下來泡茶，就愈可以表現出茶的本質。讀者有機會可以試著比較，在內心平靜與內心浮躁的情況下，泡同一種茶，喝起來的感覺是不一樣的。另外，從「學習事物」的角度來說，學習任何事情，都必須保持內心高度的安靜專注，才能從淺層的學習表象，進入深層的覺知感悟。

三、心情愉快　10%

我常說，在京盛宇最快樂的工作，就是泡茶，大概是因為我真的很喜歡泡茶，所以泡出來的茶總是「甜甜的」。「甜」是這個世界上，絕大多數人喜愛的味道，但是要泡出甜甜的茶，保持心情愉快是絕對必要的。

四、要有信心　10%

這些年，我們訓練過很多沒有泡茶基礎的年輕小夥伴，有些夥伴個性天不怕地不怕，信心十足，就算從來沒有泡過茶，也不會擔心自己泡的茶不好喝，反正店長怎麼教就怎麼做，這樣的人通常泡的茶，味道都很「飽和」；有些夥伴，經過店長指導，以初學者來說，明明已經泡得不錯，卻還是會懷疑自己不行，這樣的人泡的茶，味道普遍都虛虛的。「虛」和「淡」是不一樣的，「淡」是濃度不夠，喝起來水水的，「虛」是濃度夠，喝起來不會水水的，但是味道就是有些微弱不明顯。一杯好的茶，茶湯風味一定要是飽滿的。

基本上，做到前面四個原則，就有 80 分，這個過程其實滿容易的。但要從 80 分邁向 100 分的境界，就得繼續精進自我，再做到以下三個原則。

五、珍視茶葉　10%

這個部分非常重要！要珍視茶葉，首先要了解，茶葉是天、地、人的心血結晶。茶樹從植入泥土那一刻開始，歷經大自然的孕育、歲月的洗禮，茶菁再經過製茶師刻劃風味，最終成為茶葉來到我們手中，而泡茶，這最後一個環節，就是即將要把蘊含在茶葉中的精華，轉化為甘甜美好的茶湯。但如果我們沒有悉心呵護、妥善保存，導致茶葉破碎或讓茶葉風味變質；如果我們沒有以虔誠恭敬的心看待泡茶這件事情，隨便泡一泡，導致茶葉風味沒有表現應該有的水準。那麼前面的種茶、製茶

所付出的心血就白費，也等於浪費了茶葉。進一步來說，倘若能將茶葉視為珍寶，就能夠更深入地，觀察感受茶葉的細微變化。茶葉跟人一樣，每天的狀態都略有差異，同一款茶，如果可以注意到它今天和昨天略有不同，就能夠依據它的狀態，調整適合的沖泡方式，就可以將茶葉完美呈現，達到「此茶只應天上有」的境界。

六、高沖低斟　5%

七大原則重心態，輕技術。「高沖低斟」是唯一與技術有關的原則，什麼是「沖茶」？熱水接觸茶葉叫沖茶。如果熱水從愈高處落下，落下的水壓就會愈大，水壓愈大的水柱沖擊茶葉，茶湯愈香。什麼是「斟茶」，茶湯泡好要倒進茶海或是茶杯，這個過程叫斟茶。低斟可以避免倒茶時，造成起泡導致茶湯氧化，茶湯氧化會破壞茶湯的甘甜，讀者可以拿兩個同樣的杯子實驗，一個高斟、一個低斟，絕對是低斟的那杯比較好喝。

七、熟能生巧　5%

重複前面六個原則，不斷練習調整，內化成每一次面對茶葉的心境、每一次泡茶過程自然的狀態，假以時日，你也可以成為泡茶大師！

熱泡、冷泡、冰鎮

掌握七大原則之後，就可以開始享受泡茶的樂趣，一般來說，泡茶不外乎三種方式：熱泡、冷泡、冰鎮。以下分享各種沖泡法的訣竅，完全不受限於各種空間、環境、器具，幾分鐘就能喝到一壺好茶！

熱泡

傳統茶具有很多，例如：茶荷、茶則、茶洗、茶船、茶寵……等等。一般來說，至少要準備茶盤、茶海、茶漏、竹通、茶杯、泡茶器具。茶杯和泡茶器具，會直接影響「好不好喝」，所以一定要認真講究。其他的如果只是「功能考量」，平價的也很容易買到順眼合用的。

（1）蓋杯

蓋杯，也稱作蓋碗，是由茶碗、茶蓋、茶托三件組成，非常適合作為熱泡的入門器具，最常見的材質是瓷，容量大多在100c.c.至200c.c.，建議初學者選擇容量150c.c.左右的，原因是蓋杯泡茶容易燙手，尺寸太大或太小使用上都不順手。

實作影片

（2）改良式蓋杯

市面上眾多的改良式蓋杯中，我滿喜歡 Toast 品牌設計的「LOTUS 蓋杯」，改善傳統蓋杯容易燙手的缺點，無論是用來泡茶或喝茶都滿方便，而且是我測試過許多的改良茶具中，少見泡茶好喝的。

實作影片

（3）紫砂壺

當你已經使用蓋杯泡茶一陣子之後，逐漸累積一些心得，想要邁向更高階的泡茶體驗，就可以開始使用紫砂壺。紫砂壺能將台灣茶的風味表現得淋漓盡致，不過學問也很深，建議先從幾千元的朱泥壺入手。

實作影片

冷泡

所有的茶葉都可以冷泡，因為茶葉在製作過程，沒有任何一個工序，是
特別讓茶葉專門作為冷泡使用，市面上有許多冷泡專用的茶葉商品，所
謂「專用」，其實指的是預先將茶葉一袋一袋裝好，便於冷泡使用。

不過茶葉的精華，還是需要透過熱水沖泡，才能夠完全釋放，冷泡只能
泡出部分精華，所以也只能喝到茶葉部分風味，所以製作冷泡茶，不建
議使用太高級的茶葉。

水量與茶葉的比例是 100c.c.：1g，放在冰箱至少八小時，八小時到了，
可以試喝看看，如果覺得濃度適中，就把茶葉取出，不要讓茶葉繼續浸
泡。若覺得太淡，再增加浸泡時間兩至四小時，或者下次沖泡時，將水
量與茶葉比例調整為 100c.c.：2g。冷泡茶一般習慣上會大量製作，儲存
在冰箱，但使用的冷水，如果只是過濾水，而沒有經過高溫煮沸，生菌
數仍有過高的疑慮，建議製作後儘早喝完。

實作影片

冰鎮

傳統茶道是以喝熱茶為主，但說真的，有時候天氣真的很熱，不來杯冰茶的話，這日子都不知道該怎麼過下去，但是又希望風味與熱茶無異，那就必須透過熱泡冰鎮的方式。冰鎮與冷泡不同，冰鎮茶，還是有先經過熱泡的過程，所以茶香、口感、層次還是比較好，而且，想喝茶的心情永遠是不能等待的，泡一杯冰鎮茶只要幾分鐘，冷泡茶至少要等上八小時。個人滿推薦 Hario 的冰鎮壺，操作簡單，造型也滿時尚帥氣。

實作影片

照片 / 影片出處：[HARIO]TEA DRIPPER LARGO STAND SET[TDR-8006T]

京盛宇簡易泡茶法

為了讓更多人能隨時隨地泡一壺好茶，京盛宇設計了一個有別於傳統的簡易泡茶法，方法雖然簡易，但泡出來的茶湯卻令人驚艷。原因就在於：

1. 茶葉量增加

極大化茶葉精華，讓風味豐富飽滿。

2. 浸泡時間縮短

想喝茶的心情不能等，茶葉量增加了，浸泡時間也可以縮短，甚至可以即沖即倒，完全不需要等待。同時依據個人的經驗，有關茶湯「好喝」的成分，不需要長時間浸泡，就會釋放到茶湯中；反之，如果是長時間浸泡，很容易將刺激身體的成份釋放出來。

3. 水量蓋過茶葉

茶葉受熱後，會逐漸膨脹，每一次的水量，只需要蓋過茶葉。

4. 集中多泡茶湯再享用

目前台灣茶以清香型高山茶為主流，清香型的高山茶逐泡差異不大，一泡一泡分開喝意義不大；反之，熟茶每一泡的起承轉合較明顯，一泡一泡分開喝比較有意義。另外集中多泡茶湯，也可以豐富茶湯的層次，而且如果某一泡的濃度比較有偏差，集中在一起之後，失誤也比較不明顯。

5. 中途試喝調整濃度

一來是因為茶葉的狀態，每天都有些微不同，二來是因為，茶葉量的投放沒有秤量，放太多或太少都有可能，所以透過中途試喝，可及時調整浸泡時間，也大幅提升泡出完美茶湯的可能性。

實作影片

學 習

創業前，請先問自己一百遍「為什麼
要創業？」因為這是一條永無止盡的
學習之旅，時間將是你最大的敵人，
也可能是你最好的朋友。

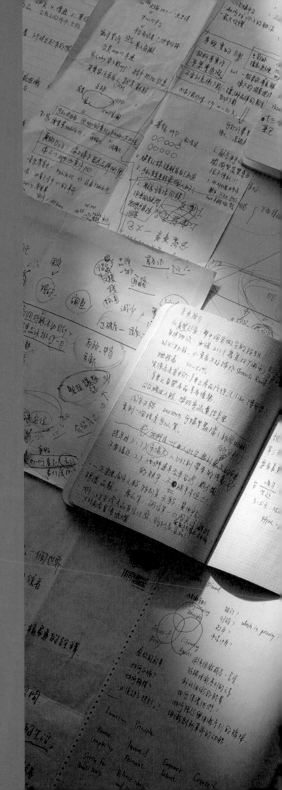

16

永不放棄

每年到了櫻花開的季節，我都會偷偷回到那個店門口，看看花開得好不
好，我知道，只要不放棄，在創業這條路上，總能遇見櫻花開。

自以為是的傻子

創業前，原本以為只要秉持「讓台灣茶的美好，更貼近每一個人生活」的理念，每天認真把茶泡好，就能夠朝著理想，大步向前行。創業後，才深刻體會「理想是豐滿的，現實是骨感的。」

最初，在台北市東區216巷租了一間60坪的店面，店門口有一棵櫻花樹，是房東先生40多年前買下這間屋子時，親手栽下的。樹長得很高很好，每逢櫻花開，都會吸引許多路人駐足拍照。當時，能夠租到這個店面，覺得自己太幸運了，因為在這個精華地段人潮超級多，於是我樂觀地預估，前三個月，就可以做到損益兩平，然後第四個月開始獲利。那時有人提醒我，這樣的預估太天真，但當時我對這樣的說法，嗤之以鼻。

把店面租下來之後，我付了三個月房租裝修，在裝修完畢後，也沒有馬上開始營業，又繼續付了三個月的房租，研發測試「紫砂壺手沖冰鎮茶」的流程。因為已經有多年的泡茶經驗，我知道要泡一杯好喝的熱茶不難，但最困難的地方是，要研發出一套帶有表演觀賞價值的沖泡流程，達到吸睛效果且兼具體驗感，更重要的是，必須要在「短時間」泡出一杯好喝的「冰茶」。於是，透過開放式吧檯的設計，搭配現代簡約的風格，讓這場表演有了舞台；透過茶葉量、水壓、水溫的控制，成功將茶飲製作的時間，壓縮在大部分的人所能接受的範圍；透過冰鎮的方式，直接將冰茶還原出熱茶的風味。當熱茶澆淋在冰塊上，冰塊裂開的

聲音，為這場視覺表演增添聽覺的美好饗宴，而且在看表演的同時，不時還能聞到茶香，最後運用實驗室的長腳漏斗，緩緩將茶湯倒入獨家設計的隨身瓶，看著茶湯緩緩流入，整個心也寧靜舒暢了起來。

不瞞您說，成功設計出這個流程的時候，我覺得自己是天才！但如果說時間會證明一切，那麼僅僅用了 180 天，就證明這個自以為是的天才，其實是一個傻子。

180 天的體悟

對於營運狀況過度樂觀，在籌備期間花了太多錢，沒有預留足夠的周轉金。開業後前三個月的營業額，竟然連原先預估的一半還不到，第四個月當然沒辦法開始獲利，從 9 月 27 日開幕之後，到第一次見到櫻花開，短短半年，就已經把 500 萬的資金賠光了。那時候心裡一直想著，明年還能看到這棵美麗的櫻花樹嗎？

在燒錢的過程中，壓力很大很痛苦，常常痛苦到很想哭，但想哭卻哭不出來，因為那種感覺不是單純的哀傷，而是內心交織著錯愕、慌亂、恐懼、無助。錯愕，是因為認為這麼棒的產品，怎麼沒有一炮而紅，立刻受到注目？慌亂，是因為覺得自己已經把所有的事做得很完美了，怎麼業績還是跟想像中差了十萬八千里，唯一跟這個十萬八千里相差不遠的，就是每個月的業績差不多就是 18 萬。恐懼，是因為每個月要付 12 萬

京盛宇

Permanent Revolution Of Tea

的房租，加上人事費用、原物料、管銷費用……等等，所以銀行存款下滑的速度，始終保持極速而沒有減速的可能。無助，是因為做了很多新的嘗試，好像都沒有什麼用，無法扭轉經營的慘況，眼看就要到下次的發薪日，可是已經沒有錢發薪水了，到底該怎麼辦呢？

這180天，過著完全無休假的日子，每天十點開店做清潔準備工作，到開始營業後望著空蕩蕩的座位，白天偶爾進來一兩組客人，難掩心中的興奮，總是滿懷笑容服務，後來可能持續好幾個小時都沒有客人。晚飯後客人會稍多，又因為想多接一些客人，於是營業到晚上十二點，假日營業到凌晨兩點，看看是否因為讓客人坐久一點，客人會願意常常來。打烊之後掃廁所、把戶外桌椅收到室內，最後點開收銀機結帳，結果數錢算帳比泡一杯茶還快，不用三分鐘就算完了。因為平日的營收常常不到三千元，最慘的時候還只有幾百元，假日最多也只有一萬左右。沒有休假，頂多只是身體上疲累，可是加上營業的慘況，是身心俱疲，現在回想那段日子，還是心有餘悸。

這180天，很累、很難、很苦、很痛，一旦選擇放棄，就再也不累、不難、不苦、不痛，但可能從此以後，只能在家自己獨享啜飲，再也沒有機會讓心中理想的台灣茶，更貼近每一個人的生活；一旦選擇放棄，肯定會讓原來相信我、支持我的股東失望透頂；一旦選擇放棄，是不是代表多年來我對於茶道的心得，乃至嘔心瀝血設計的紫砂壺手沖冰鎮茶，

216 巷店內照

這個心血結晶，其實就像食神煮的雜碎麵一樣，是失敗中的失敗。可是，經過這半年的時間，多少也培養出一些熟客，熟客對於這個產品還是給予高度評價的，如果不是產品的問題，是不是值得再努力、嘗試一下呢？

在那個萬念俱灰的過程中，我突然想到《灌籃高手》裡頭安西教練説過的話：「現在放棄，比賽就結束了。」這句話，著實救了那時的我。但如果不放棄，心情勢必得振作，心態勢必得調整。於是，我不再感到無助，只想趕快找到新的資金，能夠順利發薪水、付房租；我不再感到恐懼，因為最差就是倒閉，現在跟倒閉其實也沒什麼區別；我不再感到慌亂，因為問題始終在那邊，正視它、面對它、解決它，無法解決就是方法不對，趕緊調整方法再解決。當然更不需要錯愕，事實證明沒有懷才不遇的天才，只有把事情想得太簡單的傻子。

正因為不放棄，終於出現一個轉機，2010 年 11 月的時候，京盛宇受邀進入台北國際花卉博覽會，設置一個外帶茶飲攤位，花博的人潮很多，半年期間，讓我第一次體會到賺錢的感覺，最高紀錄一天賣了 2,000 杯，那時候真的好希望花博永遠不要結束。

花博擺攤

櫻花樹下的轉機

在花博獲得第一次小小的成功，讓我對於自己的產品有了信心。同時，也做了許多從花博導客到216巷門市的各種嘗試，也因為手頭稍微寬裕，開始調整菜單，研發新的餐食、甜點，但從結果來看，這些努力所增加的營收，只是杯水車薪，門市的業績依舊低迷。我開始清楚意識到，現在這個地點非常不適合繼續發展。那麼，如果有一筆資金，能夠讓我重新開始，選擇一個小坪數的空間，能夠單純以茶為主，能夠把台灣茶體驗做得更好，那麼應該可以更接近我的理想吧！可是在花博賺到的錢，其實也只能剛好填補門市的虧損，還是無法攢出多餘的錢，在新的地點嘗試新的模式。所以，那時候，我每天都一直祈禱，能夠出現一筆資金，讓我能夠另起爐灶、東山再起。

就在我一直幻想著，能接到天上掉下來的禮物時，有一天房東來找我，說7-11想要這個店面，他們開的房租比現在高一倍。房東說完之後，緊接著說：「平心靜氣思考一下，或許換個地方，你會做得更好。」說實話，當時聽完這段話，完全無法平心靜氣，簡直雀躍三丈，因為終於出現一個千載難逢的機會，讓我有機會離開這裡，於是，我立刻想好對策，以能夠獲得最多賠償金為原則。其實這個店面，原先是一個住家，簽約前我心想：「如果要當店面使用，勢必要投資許多裝潢費用」，於是我跟房東簽七年的長約，總共花了300萬裝潢，現在即將租滿兩年，於是我跟房東溝通，能否賠償當初裝潢費用的七分之五呢？有法律背景的我

知道，即便房東違約，也不需要賠這麼多錢。但是沒想到，房東一口答應。因為有了這筆錢，讓我有機會重新調整，從百貨專櫃再出發。

儘管離開216巷好多年了，還是常常回想，幸好當初沒有放棄，不然就沒有機會在花博，得到續命的機會；幸好沒有放棄，不然我永遠不會明白「人間處處有溫情」，而且竟真有一位長得很像安西教練的房東先生，願意這麼用力地扶了我一把。每年到了櫻花開的季節，我都會偷偷回到那個店門口，看看花開得好不好，我知道，只要不放棄，在創業這條路上，總能遇見櫻花開。

17

比創意更重要的事

創業「就是一個創意，加上一百件沒有創意的事情。」這些與創意無關的事情，就是經營。

傻子的創業白日夢

開業後，儘管前期經營慘澹，但由於店面座落鬧區，仍然吸引許多媒體來採訪，我總是對記者朋友侃侃而談偉大的創意、理念，每天也把全部的心思投入在實踐創意、實現理念。可是事實上，每天還會出現很多「小事」，等著我去面對、處理、解決，但我卻對這些小事，感到十分厭煩，總覺得這些小事的重要性，根本比不上紫砂壺手沖茶這件即將改變全人類生活的大事，而且我常常在想，為什麼老闆要做這些小事呢？老闆就是應該要做最重要的大事，剩下那些小事交給員工就好了。

正因為京盛宇做了一件獨特的大事：「拿著紫砂壺手沖一杯不加糖、不調味的台灣茶，再把茶裝進漂亮的瓶子。」雖然賠錢的速度很快，但也很快就吸引許多茶飲界的前輩慕名而來。當時，有一對台灣兄弟，在日本經營珍珠奶茶品牌「Pearl Lady」非常非常成功，看到京盛宇在雜誌上的採訪，就來到店裡找我聊聊，我說了很多關於品牌精神、經營理念、雄心壯志，但我永遠記得哥哥在了解我們經營的慘況之後，只問了一句話「這樣你每天睡得著嗎？」，接著又說：「大部分創業者最擅長的事情。就是所謂的『經營理念』，但往往忽略了『理念如何被經營』才是重點。」真是一句話驚醒夢中人，終結了我的創業白日夢！

在開店之前，我已經積累了多年泡茶的經驗，泡一杯好喝的茶，對我已非難事。但是，由於我過往的工作經驗不夠，所以關於開店的其他事

情，完全一竅不通。於是，我恍然大悟：「紫砂壺手沖冰鎮茶的創意很好，但除了這件事情，其他沒有一件事情做得好。而且，那些我看不起的小事，對我來說，才是真正的大事。」說穿了，在創業這條路上，我就是一個創業白痴，空有創意，卻不知創業的本質在於經營，所以常常面臨許多難題、挫折，實屬正常，就算從來沒有想要放棄，光靠不放棄的決心、毅力是不夠的，傻子當久了，肯定會遍體鱗傷、戰死沙場，還是得想辦法提升自己的腦袋瓜，為品牌找出一線生機。

經營理念 V.S 理念經營

開始認真思考創業的本質之後，我所想的就不再是「讓台灣茶的美好，更貼近每一個人的生活」這件所謂的「大事」，腦中的跑馬燈，開始閃過從想要創業那一刻開始，所發生過的每一件「小事」：

以人事來說：

徵才到底要徵什麼類型的人呢？是對茶有濃厚興趣的？還是學歷漂亮的？還是有豐富服務業經驗的？新進人員要用什麼樣的訓練方式，才能在最短時間理解並能有效傳達品牌的核心價值，並且學習足夠的台灣茶知識以提升專業度，更重要的是能夠用紫砂壺手沖一杯完美的冰茶？獎金制度要怎麼設計呢？既要讓所有人覺得公平，沒有獨厚某些人，又要能夠有效提升工作的動力，並確實鼓勵大家的努力。

升遷制度要怎麼設計呢？在一間店裡面需要有哪些層級呢？業績好的人適合當店長嗎？要怎麼培養及訓練主管的管理能力呢？員工離職又該怎麼妥善處理，才能夠好聚好散呢？

以宣傳來說：

如何讓還不知道京盛宇的人知道京盛宇？要把宣傳重點放在臉書的粉絲專頁，還是印傳單去店面附近發送？臉書一則貼文好多讚，可是生意還是沒有起色？每次在粉專辦抽獎活動，總是船過水無痕。

另外，傳單一次該印幾張呢？發傳單的時候，路人總是不願意拿，怎樣做才能讓人家願意拿？而且發了很多，也只有零星的客人前來消費？那已經走進店裡的客人呢？要如何在最短的時間，讓他們理解品牌理念？

以採購來說：

採購規劃及流程要如何制定？備品要一次準備一個月的量，還是三個月的量？某家廠商價格比較便宜，可是一次要買比較多；某個物品真的很美，可是價格非常昂貴，同樣功能的物品有外型比較醜的，只要一半價格，該選擇哪一個？買一套 POS 系統，到底要比幾家廠商呢？每家價格都不一樣，功能也略有不同，哪個才適合我們？冷氣在保固範圍內，就一直產生異味，廠商來處理很多次，還是臭臭的，到底該怎麼辦？

以行政來說：

公司設立、商標申請，應該要自己申請，還是找事務所代辦？事務所代辦貴滿多的，自己申請只要繳一些規費，可是手續流程好像很複雜；公司設立登記表上面的營業項目是不是愈多愈好？股東和董事有什麼不同？多久開一次會呢？開會的時候應該要報告什麼內容？內帳外帳到底是什麼？是否應該找會計師處理？會計師和記帳士到底有什麼不同？記帳士知道我現在經營狀況不好，建議我採買原料不要開發票，可以少繳5%營業稅，這樣做對嗎？

以產品、服務來說：

以往在市場上，從來沒有品牌主打一杯均價100元以上的精緻無糖冰茶，首次問世，雖然口碑不錯，但還是需要多一點時間，讓更多人認識，並進一步養成消費習慣。所以是否需要在培養熟客的過程中，販售一些符合市場消費習慣的產品，例如：餐點、甜點、珍珠奶茶，來擴大客群基礎，並增加營收呢？除了飲料，還想販售茶葉、茶具、禮盒來增加營收，可是這些包裝的最小製作量，對一家店來說，真不知何年何月才賣得完？可是不賣看來又無法增加營收，真是陷入兩難啊！提供許多額外的服務，客人都很滿意，卻發現這些額外的服務，不僅員工會產生怨言，也增加許多經營成本，到底要怎麼拿捏服務的尺度，才能創造顧客、員工、公司的三贏呢？

以設計來說：

什麼樣的Logo適合我們呢？找了設計師設計了五款，每一款都很好看，該怎麼選擇呢？CI識別的標準色又該怎麼選呢？設計師一直設計不出令人滿意的包裝，請設計師再次提案，設計師卻要求額外的費用。設計師有時候很強勢，一直推薦他個人喜歡的款式，不選擇那一款設計師又覺得是我們美感不夠。要發展新包裝的時候，是要將概念完全交給設計師發想，還是應該將自己的概念整理給設計師，這樣做會不會限制設計的可能性？在空間的設計上，需要找設計師規劃嗎？自己找工班施工可以節省很多錢？怎樣的動線規劃，客人才會覺得舒服呢？裝潢費用大大超過預算，該怎麼辦呢？

最重要的小事

其實問題不只有這些，還有很多很多很多，都是創業者每天必須面對的課題，而且，舊的解決了，新的又會出現，很快就會陷入解決問題的無限輪迴中，然後，一個多麼痛的領悟就從腦中浮現：「原來創業，就是一個創意，加上一百件沒有創意的事情。」

這些與創意無關的事情，就是經營。「經營」既可怕又有趣，可怕的是，問題往往沒有標準答案，因為每一個創業者的時空背景、資源條件都是不同的，所以同一個問題，別人的解決方法不一定適合我的狀況，而且同一個問題，隨著創業歷程的發展，會重複出現，創業者必須在每次面

對同一個問題的時候，設法做得比前一次更好，如果可以做得比前一次更好，就代表創業者的經營能力已經提升，這也是經營的有趣之處。

此外，在經營所遇到不同面向的問題，是環環相扣的，例如：一個新產品在規劃階段，就涉及了設計、採購，產品製作出來之後，對內要向前線夥伴做教育訓練，才有足夠的專業度向顧客展示介紹商品，對外要向顧客宣傳，用好的方式讓顧客理解產品概念，並吸引顧客購買，這個過程同時伴隨著收入與支出的產生，又與會計有關。我曾經過度重視產品的質感，使用太高級的材質，結果導致成本大增、預算破表，又因為成本太高，也必須提高售價，但是又缺乏良好的教學能力，無法訓練同仁有能力向顧客解說展示商品的價值，結果就是倉庫堆了一大堆庫存，簡直就是一場災難。

經過這麼多年，我至今仍舊對於這位大哥的提點，內心充滿無限感激。如果沒有遇見他，在216巷時代，我這個異想天開的創業白痴，根本沒有機會看見第二次櫻花開，更不可能有機會寫第二本書，與你分享這些在我創業過程中，最重要的小事。

18

三個失敗

我們每一次成功背後至少犯了一千個錯誤，經歷了一千次失敗，我們永遠是倒下了再起來，只要不放棄，就有機會成功。如果沒有經歷過無數次的失敗是不可能成功的。

在八年的經營歷程中，我曾經犯過三個大錯誤，對於當時的營運都造成非常不好的結果，讓公司陷入週轉不靈，失去成長的動能，最嚴重的甚至面臨倒閉的危機。

第一、定位失敗

第一家店，選擇的位置是忠孝東路四段216巷27弄1號，忠孝東路四段是台北市的精華地段，總是車水馬龍，216巷商圈有眾多精品、餐廳、小吃、下午茶店，聚集大量零售、餐飲的人潮。這個店面，正是從216巷走進某條橫巷的第一個門店，走在216巷就可以看見，不僅僅能見度高，還有一種鬧中取靜的感覺，非常符合茶的氛圍，而且租金只要正216巷的一半。我還記得，當時透過仲介找到這個店面，有一種天下掉下來的禮物的幸運感，滿懷信心，兩天就決定簽約承租。很快的，到了預定的開幕日9月27號，開幕當天做全日免費的活動，找了所有朋友來喝茶吃茶點，來的人實在是太多了，那一天從開幕到打烊，我幾乎沒有離開過吧台，一直在泡茶，想去廁所尿尿都沒有時間，頓時覺得人生最大的幸福，是擁有一個 XXL size 的膀胱。

但這樣門庭若市的日子持續不長，每天在空蕩蕩的店裡，我常常問自己到底出了什麼問題？坐下來靜靜思考，歸納出幾個問題點：

首先是「選址」的問題。216巷商圈的人潮很多，是不容懷疑的，但為什麼馬路上熙熙攘攘的人群，都不願意走進來呢？原來人群很多，但都不是我的客人。平日中午的人群，都是附近的上班族，需求就是午餐，午餐後就回辦公室，所以中午通常沒有生意；平日下午的人群，需求是吃甜點、喝下午茶，偶爾會有少許客人進來喝茶；平日傍晚的人群，需求是聚餐，所以晚飯時間也完全沒有生意，晚飯後會有想要續攤，找個地方繼續聊天的客群，這時會有比較多客人上門。假日的客群組成，差別只在於少了一些上班族，然後下午和晚上的人潮大約是平日的三倍。

所以這個看似人潮很多的黃金店面，客群基本上完全不適合推廣台灣茶。另外就是，這一間室內50坪、戶外10坪的店面，四十年來房東都作為住家使用，要當成店面，必須要徹頭徹尾重新大改造。當時為了節省裝潢費用，沒有找設計師，決定自己設計規劃，自己找有經驗的工班施工，但因為需要施作的部份實在是太多了，裝潢費用就將近300萬，也是導致開業後週轉金不足的原因之一。

再來是「產品服務的矛盾」最初的概念，就是希望在快步調的現代生活，給大家一杯好茶，由於思考點是「快步調」所以提供的椅子沒有軟墊，不適合久坐。然而茶飲所提供的服務內容，是需要久坐來感受體驗的，客人進門後，會先請客人喝一小杯白開水，並提供茶薰香，茶泡好之後，用一個木托盤奉上一壺500c.c.的茶，可以回沖，價位在150元～

380 元之間，很明顯的，桌椅和產品服務無法良好搭配，甚至客人從大片落地窗外一看，裡面都沒有看起來很舒服的沙發椅，就不願意走進來了，所以本意是「不要久坐」，卻演變成「根本不想進來坐」。

後來，傻子為了活下去，把部分桌椅替換成舒適的沙發，也為了吸引喝下午茶客群的需求，在品項增加許多自製西點、三明治。但由於我擅長的事情還是只有泡茶，沒有經過縝密思考的結果就是，其實並沒有增加很多來客，沙發區常常淪為一人讀書區，累了還可以直接躺下來睡覺；甜點、三明治縱使些微增加了營收，但因為沒有特色，也無法形成口碑，所以投入的開發、製作成本與回報不成比例，而且當整個品牌的論述走向，還是以純茶為主的時候，也漸漸稀釋模糊好不容易塑造出的品牌獨特性。這種看得到，吃不到的結果，也讓開幕那一天，成了開業兩年客人最多的一天。這個失敗，也差點讓京盛宇從地球表面上消失。

第二、產品失敗

資金就是決策，因為任何的決策都需要資金。開業五年之後，現金流總算比較健康，手頭有稍微餘裕的資金來開發新品。由於在 2013 年底獲選為金馬五十指定茶葉品牌，知名度逐漸提升，也得到更多顧客的信賴。顧客們也開始有強烈的送禮需求，於是開發了一款全新概念的茶葉禮盒：「台灣茶巡禮組」。這款禮盒的設計理念，就是「多元選擇、沖泡方便、高貴不貴」，所以只要買一盒，就可以一次擁有八種經典茶款，

並且貼心地將每一款茶都預先分裝成小包裝，方便客人沖泡使用。禮盒材質特別選擇的進口美術紙，內襯使用描圖紙燙金增加質感，內盒並印上清楚完整茶葉介紹，呈現高貴大方穩重的氣質，甚至刻意壓低售價為1,680元，讓產品有物超所值的感覺。但是沒想到，上市之後，不僅僅在門市大滯銷，提報現有合作的通路，也一直被打槍，無法順利在通路上架販售。由於這個禮盒，是特殊包裝規格，不是原有的常態商品，一旦滯銷，就會造成龐大的庫存壓力。

一時之間，真的難以理解，已經完美呈現三個特點了，為什麼顧客、通路都不買單呢？有一天偶然看見同事在包裝出貨台灣茶巡禮組，找了半天一直找不到合適的紙箱裝，這時候我才恍然大悟，因為「禮盒尺寸」太過於特殊了，如果連我們自己出貨都這麼麻煩，那麼如果是大量採購的企業客戶，要逐一配送給公司的客戶，不也會有同樣的困擾？發現是尺寸的問題之後，進一步打電話請教，不願意讓我們上架販售的通路採購人員，果然也是類似的原因。而對機場通路來說，1,680元的禮盒算是低價的，基本上應該很好賣，但是因為尺寸過長，在貨架上要佔很大的排面，站了這麼大的排面，卻只能貢獻客單價1,680元，效益實在太低，也因而無法引起機場通路販售的興趣。

再經詢問門市人員的意見（因為他們最能夠直接聽到顧客的心聲），大部分的顧客反應，可以理解買一盒擁有八種茶這個方向很好，也因為要將

台灣茶巡禮組

八種茶，每種以三小包的方式包裝，所以會設計出這個特別長的禮盒，但是以這個尺寸來說，與重量不成比例，提起來過輕，送禮的時候顯得份量不足。聽到這樣的顧客心聲，原來我們只考量「收禮者」的心情，忽略了「送禮者」的心情。好不容易有新的決策能力，結果投資了不但沒賺到錢，反而造成庫存問題。雖然這個失敗不至於造成公司倒閉的危機，卻也讓當年度的公司發展，失去更快速成長的動能。

第三、設計失敗

京盛宇第一代的 Logo 是一個極為失敗的設計。京盛宇企圖改變傳統茶道，讓茶道變得年輕時尚、簡單親切，卻選擇書法體當成 Logo，書法體本身沒有錯，錯是錯在品牌想塑造的形象及走向，在風格上與傳統的書法體背道而馳，既不年輕時尚，也不簡單親切，我們選擇的字型也不易辨識，使顧客無法一眼認出「京盛宇」，所以從品牌成立之後，有很長一段時間，顧客總是記不住京盛宇這三個字，只記得有一個細細長長的瓶子，裡面裝的是台灣茶，消費者認得的是瓶子，而不是京盛宇。所以，後來從 216 巷的路面店，轉變經營型態進入百貨專櫃的同時，就將 Logo 調整成細明體，非常清楚辨識，也沒有再被誤認為是「東盛宇」。

至於有人常常問我，在設計上 Logo 和產品哪個重要？有的人願意花很多設計費設計產品，因為覺得產品是可以直接賣錢的，對於 Logo 的設計費就花得心不甘情不願，而且無法直接販售。我個人認為還是 Logo 比較

舊款 Logo 隨身瓶

重要，Logo 的顏色、造型、風格、圖案，就是品牌理念的縮影，一個好的 Logo 設計，顧客看到的時候，就可以接收到品牌想要傳達的感覺、訊息，而且顧客在還沒有購買產品之前，就有可能先看到 Logo，所以 Logo 往往是品牌第一次與消費者接觸的媒介。所以，在 Logo 的設計上，必須先將品牌理念琢磨整理好，讓設計師清楚理解品牌想要傳達的風格基調，接著以近乎苛求的方式，讓設計師進行 Logo 設計的工作，這樣才能焠鍊出近乎完美的 Logo。

成功是建築在失敗之上

面對失敗應該有的態度，我特別喜歡阿里巴巴創辦人馬雲說過的兩段名言：「我們每一次成功背後至少犯了一千個錯誤，經歷了一千次失敗，我們永遠是倒下了再起來，只要不放棄，就有機會成功。如果沒有經歷過無數次的失敗是不可能成功的。」、「最大的失敗是放棄，最大的敵人是自己，最大的對手是時間。」因此，在創業的過程中，一定要將失敗視為家常便飯，只要能夠樂觀地看待每一次的失敗，就能從這些失敗的經驗中，找到邁向成功的捷徑。

京盛宇

Permanent
Revolution Of Tea

新款 Logo 隨身瓶

19

創新的六個步驟

在大部分能夠獲得巨大成功的公司中，幾乎都有一個共同的特質，就是創業的起心動念，或是做出來的產品，本質都是「利他」的。

創新是企業生存唯一的路，也是必備的企業文化，必須要貫徹在企業中的每一個成員，如果只是在組織中成立所謂的「創新部門」，讓少數人進行「創新」的工作，那麼無論是創新的速度、成果，絕對無法令人滿意的。這些年，嘗試用創新的方式，讓台灣茶的美好，更貼近每一個人的生活，不可否認，失敗的次數比成功多，但也從這些教訓中，得到一些收穫，加上自己看的書、上的課、聽的演講，以下將有關創新的幾件事情，與你分享：

步驟一：利他的起心動念與產品

在大部分能夠獲得巨大成功的公司中，幾乎都有一個共同的特質，就是創業的起心動念，或是做出來的產品，本質都是「利他」的。這些創業者往往都是因為在自己的生活經驗當中，發現了一個不便或不對的狀況或現象，而這個不便，通常都是許多人每天生活中，時時刻刻都在發生的，創業者看見了這個問題，所以透過自己的想像，想像當如果可以怎麼做的時候，是否能夠讓更多人的生活更加美好。

美國 UBER 的誕生，源自於兩位創辦人在巴黎下雪的時候，叫不到計程車。巴黎本身就不容易叫到計程車，下雪的時候更是難上加難，於是兩位創辦人就想，如果可以動動手指頭，就可以叫到車，那應該可以解決很多人生活上的不便。中國阿里巴巴的誕生，源自於創辦人馬雲見識到當時社會經濟正處於高速成長，心想如果有一種方式，能夠促進一千萬

個中小企業的發展，解決一億人的就業問題，以及為十億消費者提供一個良好的消費平台，於是誕生了淘寶、天貓、支付寶。台灣傑出的新創團隊Gogolook，有感於電話詐騙的問題層出不窮，過多的電話推銷也讓人煩心，於是做了一個app-Whoscall，能夠達到來電阻斷、防詐騙電話的功能。那麼，還稱不上成功的京盛宇，起心動念也是希望生活在台灣島上的台灣人，能夠有一種快速、便利、有質感的方式，認識全世界最好的茶－台灣茶。

步驟二：徹底了解產品

可是，難道只是一個利他的起心動念，就能夠讓創業事事順利、一帆風順嗎？答案當然是否定的。無論起心動念再多麼良善，這個美好想像，從想像到想法到實現，如果沒有經過良好的風險管理，那幾乎可以說是一場註定失敗的冒險。創業一定要將風險控制在最低，在還沒有開始做之前，一定要盡最大努力徹底了解產品有關的任何資訊。除此之外，務必研究產品的歷史。德國哲學家黑格爾有一句名言：「人類從歷史上得到的教訓，就是人類永遠不會從歷史上得到任何教訓！」話雖如此，但產品歷史所提供的脈絡，往往有許多發人省思的啟發。

我自己在規劃產品的過程中，有數次經歷重度焦慮徬徨，因為一心想要主推原味茶，但發現市場上竟然沒有任何品牌主推原味茶，這個感覺讓人覺得有點孤單與不安，可是對於這個市場所謂的「觀察」，也只是看到

這一、二十年來的發展，如果將時間點，拉回數百年、上千年前來看，這一段漫長的回顧，原味茶確實一直日常生活飲品的主流，也是加深了京盛宇主推原味茶的信心。

步驟三：用最小代價驗證想法

產品或者想法一旦確定了，就要開始驗證是否可行，切記！千萬不要學傻子，立馬花 500 萬開店，白白繳一大堆學費。理想和現實，總是有很大的差距，所以，要用最便宜、最簡單的方式測試市場反應，如果這個最便宜、最簡單的方式，不能夠讓這個產法呈現地非常完美，也沒有關係，但至少一定要將核心概念呈現出來。美國科技公司 Apple，其中一個偉大的產品 ipod，最初的產品其實只是用保麗龍打了一個樣，然後貼了一張白紙在上面，並寫上了規格。利用最小代價，也許就能夠發現消費者「要的」和我們「想的」不一樣，重新調整測試數次之後，再推出正式版本。以京盛宇的例子來說，如果是要測試「紫砂壺手沖冰鎮茶」的概念可不可行，其實完全不需要先開一間店，也許可以先從認識朋友的咖啡店或是做一個行動吧檯，就可以了解市場的接受度。

步驟四：從一點到全面

當一個想法或產品，付諸實行之後，就會發現，要讓它成功，還需要學會很多很多事情。這個時候，要面臨的就是，認清創業的本質「是一個創意，加上一百件沒有創意的事情。」只做創意的事情，通常很快樂，

因為那本來就是自己有興趣、擅長的事情，但是那一百件與經營有關的事情，通常很無聊、很乏味，而且因為是自己原來不會的事情，心裡很容易產生排斥、抗拒。這就是當老闆感覺很自由的誤區，好像可以選擇自己喜歡的事情，但其實一點也不自由，因為不會的、不喜歡的、困難的，都還是得做。要說這些年，我從來沒有抗拒、排斥那些自己原來不會的、不想做的，那絕對是騙人的，可是一旦認清事實與現實，不做事情還是擺在那邊，不做營運狀況無法提升，那麼也只能調整心態，讓自己「甘願做、認真學」，只要持續保持這樣的狀態，就會發現，原來只懂一件事，到頭來懂了很多事情，慢慢成為一個全面的人。

步驟五：永遠保持創新

逐漸掌握經營要訣之後，通常可以看到市場逐漸接受自己的產品，業績也會從低迷的狀態，開始有漂亮的成長，如果可以持續保持高速的成長，當然很好，但通常這個成長曲線都會進入一個穩定期。畢竟昨日的成功，不保證明日繼續成功，創業者必須要在成長曲線，開始進入穩定期之後，再次創新，如果無法再次成功創新，那麼營運可能就會逐漸走下坡，甚至再次面臨倒閉的風險。

曾經是手機世界第一品牌的諾基亞就是一個最好的例子，在「手機」市場中脫穎而出，但是在「智慧型手機」的競爭中，就節節敗退，最後被微軟所併購。1881 年成立的伊士曼柯達，也是一間跨國的攝影器材公

司，曾經為傳統相機的底片全球最大的供應商，但因為數位相機的崛起，轉型速度太慢，無法因應市場的變化，最後也導致破產的命運。

步驟六：平衡紀律和創意

創意、創新，絕對是創業成功必要的元素，但是好的創意，需要一個有紀律的組織執行，才能成功。過度重視紀律，有可能會扼殺創意；過度重視創意，也可能形成鬆散的組織運作，如何平衡紀律和創意，絕對是管理的藝術，也是制度建立的第一步。LVMH 集團可以管理一大堆品牌，讓各品牌可以維持自身的創意，又能夠維持紀律，保持成長，就是在這兩個看似矛盾的元素中，找到一個良好的平衡點，進而成為全球最大的精品產業。

一個好的企業，應當是一個有機體，由創業者建立制度，讓制度可以自己運作、生存、延續、定目標、實現更高目標，這個制度，也同時管理紀律、創意、懲罰、獎勵，如此一來，企業才得以不斷成功，讓企業比個人活得久。常有人問我，期待將京盛宇打造成什麼樣的規模，其實我更期許自己，能夠為這間公司，規劃良好的制度，成為一間百年企業，這樣子，才能夠一直一直，讓更多人體會台灣茶的美好。

20

慢就是快

「耐心」這兩個字，在所有人的認知中，都和「快速」沾不上邊，但卻是
邁向成功最快且是唯一的道路。

愛心、耐心、同理心

大學第一堂課上的是社工系的「社會工作概論」，當時教授用親切溫柔的語氣說：「當一個社工，要有愛心、耐心、同理心」，大概是覺得自己資格不符吧，為了避免以後殘害社會，所以聽完第一堂課之後，就決定轉系了。但萬萬沒想到，多年後一個偶然的機緣，創立了京盛宇，走上創業的不歸路，「愛心、耐心、同理心」竟成為這條道路上的真理。

對大部分的創業者來說，具備「愛心、同理心」並不難，因為很多創業的起心動念，都是看見了生活、社會、世界的某些問題，進而想要改善它、改變它，本質上，這樣利他的思維，就是帶有愛心和同理心。可是，光有一顆善良的心是不夠的，從一個念頭，到一個做法，到完成實現，這個過程本身就是一條漫長的道路。

玄奘去西天取經，前後花了 17 個年頭；哥倫布在 1492 年發現新大陸，但在那之前，已經花了十多年的時間，遊說金主支持他的雄心壯志；印度聖雄甘地，用數十年的時間，以非暴力、不合作的方式，實現了印度的獨立。綜觀歷史上絕大部分的偉大事件，歷時數十年完成是常有的事，其他還有許多偉大的建築，甚至是經過百年、千年才得以完成。

對時間的新體悟

這些歷史，都曾經出現在課本中，從前就只是當故事看過去，應付考試。但隨著年紀漸長，對於「時間」愈來愈有感，開始會從時間發生的「點」述說曾經發生的事情：2000 年大學入學、2009 年京盛宇成立、2010 年結婚、2014 年第一個小孩出生。開始會用時間發生的「過程」思考自己的存在：原來已從大學畢業十多年了、公司裡竟然有比我小十幾歲的同事、某某好友與我認識已經超過 20 年了。開始會對時間的「流失」感到恐懼：不管多晚睡都很早起，就為了要準時到公司。從前會花很多時間看港片，現在也幾乎不看了。因為覺得時間很珍貴，所以希望重複的事情，每一次做，效率都可以比上次更好。開始會期待「未來」時間的美好：好懷念六年前去日本住宿的溫泉旅館，不曉得什麼時候還有機會再去？滿八歲的京盛宇大概不能再稱呼自己是新創公司了，即將邁入第九個年頭，會不會有更好的發展？公司還需要多少時間，才能達到理想的境界？我是否還能保持良好心態、狀態、健康，持續朝理想前進？開始會對時間的「終止」感到悲傷：朋友的公司倒閉了、心愛的狗兒去當小天使了、曾經有過一面之緣的朋友突然離開人間了……。

大概是對於時間有了新的體悟，重新閱讀那些偉大故事，再次看到白紙黑字所記錄的「時間」，我看見的，不是開始的起點、不是完成的終點，而是過程中尚未實現理想，懷疑自己存在的同時，又必須持續保持對未來正向的期待。我根本無法想像自己像玄奘一樣走在沙漠中十多年，或

是像哥倫布花費十多年的時間證明地球是圓的，或是像甘地一樣，幾十年過著節制欲望的生活，經歷數次被暗殺，還要相信非暴力可以改變自己的國家。這些偉人，共同的特質，或者説，成功的要素，就是要具備驚天地、泣鬼神的「耐心」。

成功是心等出來的

「耐心」這兩個字，在所有人的認知中，都和「快速」沾不上邊，但卻是邁向成功最快且是唯一的道路。日本戰國時代有三大人物：織田信長、豐臣秀吉、德川家康，後世有人以當面臨一隻杜鵑鳥不啼叫的時候，三個人會有不同的做法，來描述三個人迥然不同的性格。

織田信長：「杜鵑不啼，我會殺了它。」

豐臣秀吉：「杜鵑不啼，我會想辦法讓它啼。」

德川家康：「杜鵑不啼，我會等它啼。」

最終，戰國時代由德川家康統一全國，建立長達兩百六十年的幕府政權。

「耐心」這兩個字，在所有人的認知中，也和「忍耐」密不可分，但所謂「忍」，就是心上插了一把刀，説起來很簡單，做起來很困難。我曾經不知耐心為何物，幻想創業可以快速致富，把賺錢想得太簡單，結果賠到差點去賣腎；曾經耐不住業績低迷的挫折，未經周詳思考，開發了註定會失敗的產品；曾經企圖讓組織快速成長，制定了其實揠苗助長的政

策，結果殘害流失許多人才；曾經缺乏耐心，幻想一下子就可以把失去的賺回來，像賭徒一樣孤注一擲，差點讓京盛宇瀕臨死亡。踢到鐵板，把指甲都踢掉的痛；撞到牆壁，把門牙都撞斷的傷，讓我深刻體會了「慢就是快」的道理。

如果把京盛宇思考成一個人，前六年就好比在上小學，小學生不一定需要專精於某一門學問，但要廣泛地學習各種學問，而且基礎是最重要的，一定要把基礎打好。於是，只要是不理解的、沒聽過的、現在流行的事物，盡可能都讓自己有基本的認識，畢竟在創業初期，很多大大小小的事情，都得自己來。那麼，對京盛宇來說，最重要的基礎是什麼？答案就是紫砂壺手沖茶，但是這一杯茶，需要三分鐘完成，好像有點太慢了，所以曾經有許多人質疑：「一杯茶要泡這麼久，光人事費用就這麼高了，產能也拉不上來，這生意絕對撐不過半年的啦！」、「你確定客人都喝得出用紫砂壺泡和不是紫砂壺泡的差別？不要再一杯一杯用紫砂壺泡，實在是太費工了。」、「一杯茶這麼久，客人根本就不可能願意等待。」

預測撐不過半年的人，真的是先知，確實在第六個月就面臨倒閉的危機，可是問題不在於一杯茶要泡麼久，而是經營面的問題。關於費工，問題就在於，工序一旦簡化，風味也會打折，而且我有責任呈現它最好的面貌。關於客人不願意等待的部分，坦白說一開始我也很擔心這個問

題，所以，很多時候我會混在門市的排隊人群中，假裝是客人，想要更瞭解顧客的心聲，時常聽見喝過的人帶著沒喝過的人的對話內容，沒喝過的人說：「他們這樣一杯茶要泡好久喔！」有喝過的人說：「就是這樣慢慢泡，才好喝，才有那個價值。」聽到這樣的對話，不僅是開心，更有一種皇天不負苦心人的感動，在這個世界上，有人不僅沒有否定我的堅持與努力，甚至可以理解這樣的堅持與努力珍貴價值，我想，對一個創業者來說，每一次聽見，都是莫大的鼓勵，就算聽見一百次、一千次，當聽見的那一刻，都會流下欣慰的淚水。

百年企業的自我期許

當我理解京盛宇的基礎：紫砂壺手沖茶，奠基於「慢」，那麼經營企業更深一層的問題，就在於是否能夠快速發展以及企業規模，經常有人問我「你覺得京盛宇能夠開幾家店」、「你希望京盛宇有幾家店」、「今年預計展幾家店」？

我在多年前，把這些問題的答案，畫在一張卡片上，卡片上的插畫是一隻大烏龜背著一隻小烏龜，小烏龜身上背著一個茶壺，其中一個寓意是，希望透過一杯茶，創造親子間無價的相聚時光，因為我一直相信這是人世間最珍貴的記憶。

更重要的意涵就是借用「烏龜的慢」，提醒自己任何的決策與思考，不要著眼於眼前，盡可能讓每一個決定，都是為了三年後、五年後、十年後的成果。如此一來，「開一間店」以及「將產品品質每季度提升10%」，這兩件事的重要性孰重孰輕，就立刻了然於胸。比起前者，後者更需要長時間的心力投注，更需要像烏龜爬行，速度慢但步伐紮實穩重，但只要隨著品質日積月累地提升，店也就可以一間間開起來了。當然，更希望京盛宇能夠像烏龜一樣長壽，當我在天上看見它活到2109年，成為百年企業的時候，一定會親手泡一壺慶祝的茶，那壺茶，喝起來一定會有全宇宙，最甜美的鹹味（淚水）。

 京盛宇

PERMANENT
REVOLUTION
OF TEA

www.prot.com.tw

Taiwanese
tea house

感恩

人與人之間的緣分，有的長、有的短，
我想用所有的愛，致歉以及致謝，在
我生命過去、現在、未來，出現的每
一個你。

21

一期一會

人與人之間的緣份，在彼此的一生中，或許僅有當下這一次見面的機
會，所以盡力做好每個環節，只會奉上一杯最好的茶。

雖然京盛宇賣的是台灣茶，但無論在任何公開場合的演講、分享，我都會用源自於日本茶道的「一期一會」做結尾。已經記不得是什麼時候聽到這句話，但是，在還不了解這四個字確切意思的時候，光看這四個字，就已經被它的意境深深吸引。

日本茶道一般給人的印象就是好麻煩、好麻煩、好麻煩，因為真的真的真的好麻煩，所以一定要說三遍。但是它麻煩地很美，美的讓人，願意將生命的河流停留在那一刻；它麻煩地很靜，靜的彷彿，全世界只剩下你和那碗茶；它麻煩地很慢，慢的讓每一個動作、步驟、畫面強制塞進腦中的海馬迴，見過一次，終生永懷。

是什麼樣的原因？讓一個人願意窩在小房間裡面幾十年，每天絞盡腦汁思考，這個斗室還能怎麼樣變得更美？是什麼樣的原因，兩個人關在這個小房間裡，一句話都不用說，泡茶的人，就有辦法讓喝茶的人感受，對生命的謝意，對天地的敬意，對人的誠意？是什麼樣的原因，讓一個人願意把幾個步驟，反覆練習幾十年，重複幾萬次，只為了一碗茶？是什麼樣的原因，讓一個人每一回泡完茶，都好像犯錯的學生被老師責罵，懊悔自己做得不夠好？

重點就在於「遺憾」。

人世間第一遺憾，莫過於漢代韓嬰說的：「樹欲靜而風不止，子欲養而親不待」；第二遺憾莫過於周星馳說的：「曾經有一份真誠的愛擺在我的面前，但是我沒有珍惜，等到失去的時候才後悔莫及，塵世間最痛苦的事莫過於此。如果上天可以給我個機會再來一次的話，我會對這個女孩說我愛她，如果非要在這份愛加上一個期限，我希望是一萬年。」第三遺憾就是，唐代杜甫說的：「人生不相見，動如參與商。今夕復何夕，共此燈燭光。少壯能幾時，鬢髮各已蒼。訪舊半為鬼，驚呼熱中腸。焉知二十載，重上君子堂。昔別君未婚，兒女忽成行。怡然敬父執，問我來何方。問答乃未已，兒女羅酒漿。夜雨剪春韭，新炊間黃粱。主稱會面難，一舉累十觴。十觴亦不醉，感子故意長。明日隔山嶽，世事兩茫茫。」第一遺憾說的是親情，第二遺憾說的是愛情，第三遺憾說的是友情。

如果交織這三種情愛的人生，註定會發生悔恨、遺憾，那麼面對生命的無常，就只能趁著緣分還在的時候，把握每一個當下。所以，好麻煩好麻煩好麻煩的日本茶道是其來有自，日本戰國時代的茶聖千利休，有感於戰亂中，世事多變化、難預料，今日有機會在一起喝茶的人，明日在戰場上可能就命喪黃泉，常常首次見面，就是最後一面，於是，為了珍惜把握這難得的緣份，更加精進自己的茶藝，焠鍊出「一期一會」的茶道精神。

所以，「一期一會」的意思就是「人與人之間的緣份，在彼此的一生中，或許僅有當下這一次見面的機會，所以盡力做好每個環節，只會奉上一杯最好的茶。」

於是，我明白了，茶道，不只是茶，還有人世間的悲歡離合、陰晴圓缺。人生，有太多的緣份，出現的時候總讓人覺得理所當然，失去的時候總讓人覺得措手不及。假如，能用「一期一會」的心情，對待人世間的一切人事物，面對生活的每一個當下片刻，那麼，自以為是的「理所當然」，就會昇華為彌足珍貴的「感恩與珍惜」；那麼，徒留遺憾的「措手不及」，就會轉化為坦然面對的「接受與祝福」。所以在京盛宇，期盼所有同事能理解一期一會的精神，並實踐在工作中。

以面對茶葉來說：

從大自然的角度來看，同一顆茶樹，三歲和四歲，孕育的風味，三歲的一定比較鮮嫩；同一片茶園，今年生長過程中遇上的所有自然條件，包含陽光、空氣、土壤、水，一定不可能和去年一樣，自然而然會導致今年和去年風味上的差異。每一季、每一年出現在這個世界上的茶葉，從來都不會是一模一樣的，永遠都是獨一無二的。所以，與茶葉一生一次的相遇，泡茶的人更必須用一期一會的感恩、珍惜、慎重、莊嚴，竭盡所能璀璨每一顆茶葉的光輝。

以面對顧客來說：

前幾年紅極一時的日劇〈半澤直樹〉，男主角的父親說過一段話：「無論將來做什麼樣的工作，一定要珍惜、重視人與人之間的相處、交往，千萬不可以像機器人一樣冰冷、死板地工作。」泡茶，簡單來說，就只是拿起紫砂壺，放入茶葉，加入熱水，但如果在泡茶的過程中，先偷偷看一眼顧客的長相，稍微想像一下這個人可能會喜歡什麼樣的風味，帶著這一生只有一次為這個人泡茶的機會，除了加入熱水，再加入真心、專心、用心、貼心、愛心，我相信，這樣泡出來的茶，除了好喝，也能創造當下最珍貴的美好，讓這樣的美好，感動自己，也感動顧客的心。

如果時間，將改變一切；如果相遇，必定有終點；如果人生，必定是無常，我祈禱京盛宇，在未來的每一天，無論是十年後、五十年後、還是一百年後，始終堅持一期一會的精神，為人世間每一次的相遇，持續創造，恆常為人所喜愛的美好。

22

唯有愛能超越時間和空間

如果能夠用心中滿滿的愛，去看待過去一切的人事物，就會明白這世界上鮮少有一無可取的人事物，世間的人事物也並非總是非黑即白。

從我有記憶以來，當老闆的父親，就一直為事業打拼，遊走於台灣、大陸、日本的他，一年365天，能夠看見他的日子，加起來不到30天，也許父親在飛機上度過的時間，比跟我相處的日子加起來還多。

唯一一次比較親密的記憶，就是國小的時候，有次半夜發高燒，母親叫父親帶我去醫院掛急診，結果父親背著我，走出家門後，沒有上計程車，就一直走一直走，最後走進一間小吃店，叫了滿桌的食物，記得還有一大盤雞卷，然後說：「覺得自己快要生病的時候，就多吃一點，增加抵抗力。」大概就是因為自己小時候身體很不好，加上很聽話的緣故，總是多吃了一點，所以體重永遠是全班前三名。

每次見到父親，不是叫我默寫課文，就是長篇大論他的公司發展計畫。默寫課文，只要寫錯一個字，就得重新寫一遍，曾經，有篇課文，我寫了五次。而生命看似有所謂人定勝天，其實更多時候都是謀事在人、成事在天，結果總是和預期有天壤之別，每次父親談他的計畫，總跟我說他明年一定會成功，但是，在我慢慢長大的過程中，親身經歷、親眼見證了家道中落。據說，父親在民國40、50年代，是一位極為成功的大企業家，可惜我出生的晚，未能恭逢其時，陽明山的豪宅只有靠著跟表哥喝茶時候的閒聊，才知道原來我從來沒住過的家有噴水池，而且進大門以後，要走十分鐘才能到達屋子。

對於出生以前家裡發生的事，更多時候，是靠著家中厚厚的相簿，用一張張照片拼出一幅永遠少了幾片的記憶拼圖。那種厚厚的相簿每一頁大概能放六張 4X6 的照片，要放照片的時候，還要先把一層透明塑膠頁輕輕掀開，然後小心翼翼地把每一張照片排上去，最後再把塑膠頁蓋回去。每次出遊照相，最期待拿底片去照相館洗照片，然後更期待幾天後可以拿照片，那種期待，是因為想要知道哥哥姊姊有沒有在我的頭上比YA，也想要看見大家都很正經拍團體照，可是我一個人在後面做鬼臉。

因為家裡有哥哥姊姊，放照片的工作總是輪不到年紀小的我，所以我只能翻已經放滿照片的相簿，有些照片裡面沒有我，照片裡的兩個小孩年紀好小，小到分辨不出哪個是哥哥、哪個是姊姊，不過他們總是笑得很開心。相簿再往回翻到沒有哥哥、姊姊的部分，那應該是媽媽大學畢業剛出社會時候的裝扮吧，真心覺得比林青霞還美！所以多年來，在我心中一直有個大問號，到底是什麼原因，我媽會嫁給我爸？大部分的男孩，小時候多少都會有戀母情結，會覺得媽媽很漂亮，跟媽媽說我要娶你。我對於這一段的童年記憶不需要靠照片來提醒，因為那畫面很清楚，是在家裡的廚房，頭就靠著媽媽的膝蓋，媽媽不知道站在水槽前面忙什麼，然後我一直跟媽媽說妳好漂亮，我長大以後要娶妳。但「比林青霞還美」這件事，絕對不是什麼戀母情結，只要看到照片，10個人一定有11個人會贊同。讓我覺得最有趣的是，這麼多年來，每次只要我跟我媽說，你比某某明星漂亮，她就會有點生氣地說，可以找一個更美的

來跟我比嗎？有很長一段時間，我對於父親的情感是非常複雜的，因為既沒有很熟悉、很親密，而且他還讓家中瀰漫愁雲慘霧。當同學在討論爸爸假日帶我去哪裡玩、爸爸買了什麼禮物，我都不知道該說什麼。

幸好，因為缺少父愛造成內心的失落，全部由美麗的母親，母代父職，甚至給了超過200%的愛填補了一切，導致父親有時候就會有點像「好自在」，幾乎讓我忘了他的存在。

母親不僅美麗，待人接物更是無比善良。小學的時候，有次和母親搭計程車，司機在我們上車之後，就用有點難為情的語氣跟母親說，家裡最近發生了變故，急需用錢，待會我們下車付錢的時候，詢問可否不要找零，讓他多賺一點，母親沒有特別答腔，我一路上都在想，這個司機說的話到底是真的還是假的，萬一是假的，不就被他多賺了零錢，零錢給我買尪仔標多好，不一會兒就到家了，母親立刻從皮包掏出了千元鈔票，我記不得當時跳錶顯示多少錢了，但是記得當時司機臉上的表情，似乎有點不知該如何是好，母親沒有多說什麼，就拽著我下車，我一下車就問：「你怎麼知道他講的話是真的？」，母親回答：「我們的路途不長不短，萬一跳錶顯示95元，我們付了100元，你覺得一個四、五十歲的男人，有必要為了5元，如此難為情地向我們開口？所以我判斷是真的，既然是真的，做得到的就盡力幫。」自從坐了那一台車，我才發現，母親集美麗、睿智、善良於一身。

畢業之後，跟著接手父親事業的哥哥，多次拜訪日本客戶，這些客戶有許多都是父親的舊識，其中有一次拜訪讓我印象特別深刻。2007 年來到栃木縣，走出車站之後，迎接我們的是一位 70 多歲的老先生，用極為客氣、恭敬的態度，駕車帶著我們導覽、參訪。中午用餐過後甚至邀請我們到他的家中作客，這個「家」是一個上千坪的莊園，日本電視節目出現的大戶人家，日式庭園、小橋流水、百年盆栽，我第一次身歷其境，老先生注意到我和哥哥臉上吃驚的神情，緩緩地對我們說：「你爸爸研發了一個前所未有的產品，我們家族跟你爸買了那個產品去賣，公司的營業額從幾千萬、成長到幾億、甚至幾十億日圓。因為有你爸爸，我們整個家族才能有這麼多財富。我的哥哥是社長，比我還有錢，於是他收藏很多古董，現在已經退休，自己開了一個博物館當館長。」當我看到一個素未謀面的外人，對我自己的父親，如此地尊敬，甚至將我和哥哥這兩個晚輩奉若上賓，藉由日本老先生的描述形容，我終於認識這個對我而言，非常陌生的「父親」，其實在事業上是個「夢想實踐者」，始終堅持創新，雖然屢敗屢戰，但是愈挫愈勇，永遠堅毅不撓。

單就一次與日本前輩的對話，難道就可以改變 20 多年來對父親複雜的情緒嗎？說真的，這並不容易，那次的對話，充其量只是完整了我對父親樣貌的認知。直到 2014 年一部深刻而動人的電影〈星際效應〉，片中的一句名言：「唯有愛能超越時間和空間。」這句話，深深點醒了我。

如果一直用氣憤、抱怨、憤怒、憎恨、不解的心情，去看待過去一切的人事物，很容易抱持完全否定的負面認知，這樣的負面認知，對我們自己從今往後的人生中，不僅毫無助益、毫無意義，每當想起這些事情，心中也會一直帶有氣憤、抱怨、憤怒、憎恨、不解的心情，隨著時間的經過，或許可以淡忘或減輕這些負面情緒的程度，但過去的那個負面，始終會存在，無法消失。

如果能夠用心中滿滿的愛，去看待過去一切的人事物，就會明白這世界上鮮少有一無可取的人事物，世間的人事物也並非總是非黑即白。當我開始這樣子思考的時候，漸漸放下了小時候父親不在身邊的遺憾，或許在那個時刻，我並沒有感受到他的愛，但是那個時刻的他，為許多人的人生貢獻很多價值，究竟做了哪些了不起的事情？其實也不是什麼驚世駭俗的豐功偉業，而是父親明白每一次的不順遂，都是一趟全新的冒險和創新，那麼人生其實就是一種選擇，看是要選擇順遂而穩定，但可能會一成不變的生活，還是選擇把挫折和失敗當成生命的養份，不斷地挑戰、衝撞既有的規則想法，進而創造前所未有的美好。

從此，我用滿滿的愛，看見父親與母親數十年關係的答案，對於父親複雜的情緒，也找到了出口。由衷感謝我的父親與母親，因為父親的教誨，讓我在不斷地挫敗中，始終堅持創業的初衷，進而保持創新的能量。如果京盛宇，曾經讓你覺得有點叛逆又有點酷，這都是父親的功勞。

因為母親的遺傳，讓我在待人處事，努力砥礪自我，達到細膩貼心、細緻溫暖的境地。如果京盛宇，曾經為你生命的某個瞬間，帶來充滿真誠、善良、美麗的感動，這都是母親的功勞。

23

致過去、現在、
未來的夥伴

京盛宇是我一生的志業，正在與我一起打拼的夥伴，衷心期盼，台灣茶
的美好已流入你的血液，在下一秒即將遇見的夥伴，我會用盡全力讓你
明白，京盛宇將會是你生命歷程中，一個最美好的等待與相遇！

致過去：

過去這八年，台前幕後的英雄們，就是每一個與我一起流淚築夢、流汗打拼的夥伴。這些緣分，有的時間長，有的時間短，有的離開是因為我不夠成熟、圓融而犯下的錯誤，有的離開是因為找到人生的新方向。無論相處的時間長短，都是人世間最珍貴的緣份。你我曾經，因茶相遇，期盼未來，再次因茶相聚。

謝謝你，陪我經歷最低潮，討論工作到深夜；謝謝你，緊握手中的紫砂壺，沖泡能夠感動自己也感動別人的好茶！謝謝你，將我的夢想化為真實，八年來，已經有幾十萬人喝到一杯真正的台灣茶！

希望你，正經歷人生最大的冒險－為夢想而活！希望你，從一個失敗走過另一個失敗，對於自己喜愛的事物，熱情絲毫不減！希望你，面對失意，也要記得世上最強大的兩位勇士，是耐心與時間。希望你，每一天都比昨天更好，可以為自己活著，因為這是世界上唯一的成功！

無限感激，永遠祝福⋯⋯。

致現在、未來：

京盛宇是我一生的志業，正在與我一起打拼的夥伴，衷心期盼，台灣茶的美好已流入你的血液，如此一來，你就會明白，我們每天在拼的，不只是生計，而是生命！最重要的是，不只是為自己而拼，而是為了你所愛的每一個人而拼！在下一秒即將遇見的夥伴，我會用盡全力讓你明白，京盛宇將會是你生命歷程中，一個最美好的等待與相遇！保羅‧科爾賀說過：「當你真心渴望某件事，整個宇宙都會聯合起來幫助你完成。」

過去、現在、未來的每一個夥伴，你們就是我的全宇宙！

給員工的一封信1：百善孝為先（2011.03.16）

給我每一個最親愛的京盛宇員工，

還記得剛退伍的時候，那年的十月，在台中成功嶺，仍舊非常炎熱。某日下午聽演講，請來一位消防隊員，不知道是來幫大家消暑還是激起大家的慾火，三個小時中，無數個黃色笑話逗得我們這群大頭兵笑得合不攏嘴，對於嚴格的軍事訓練來說，那真的是一個難忘的回憶。笑話的內容不太適合在這裡跟大家分享，但是那位消防大哥説的一段話，至今仍讓我刻骨銘心。

「對於一個消防隊員來説，每次遇到救火的任務，都會抱著不一定回得來的心情去面對，因此我時常擁抱我的家人，特別是我的父母。在座各位成年之後，成天親親摟摟自己的女朋友，但你有多久沒有擁抱你的父母了。擁抱自己的父母，對於很多人來說，可能會覺得很尷尬，但其實在父母的心中，我們永遠都是小孩，我希望大家要珍惜父母在世的時候，去擁抱一次自己的父母，我知道這不容易，但希望你們聽完我這段話，一年內找個機會擁抱自己的父母，並親吻他們的臉頰。」

對於時常出入生死的人來説，看待生命總有比一般人更細膩，深刻的體悟。我聽完之後，感到些許愧疚，於是左思右想，思索到底應該在什麼時機，去擁抱我母親比較適合呢？總算如期在一年內，我母親生日當天，鼓起勇氣擁抱了我母親，並親吻她的臉頰。

儘管那個過程只有短短三秒鐘，我卻覺得那是人生必做的十件事。如果你們之中，已經有人做過了，我打從心裡為你們感到高興，因為你擁有一個幸福的家庭，我知道你和我一樣深刻體會，人生最大的成就與滿足，不是事業有成、賺很多錢，而是擁有一個幸福的家庭。

我和你們一樣，曾經叛逆過，曾經與父母大聲爭執，曾經數個月沒有和他們說話，曾經氣他們為什麼不懂我的想法，曾經覺得他們為何總是如此囉嗦、嘮叨。我的父親今年 78 歲，我很慶幸自己在日本和他工作的那一年（三年前），對於深植內心對他所做所為的厭惡與不滿，全都煙消雲散了，而不是等到他過世的時候，才選擇遺忘或放下。

人與人之間的相處，如果總能設身處地為對方著想，那麼這個社會爭執會少一些，溫暖會多一些。面對朋友或不熟的人，我們總是做得很好，面對父母，我們通常做得比較差。我們可以花一整個晚上的時間，坐在咖啡店，聽朋友訴苦，站在朋友立場，為他們挺身而出。你是人，會有煩惱，你朋友也是人，當然也有，那父母當然也會有他們的煩惱。但我們是否曾經花十分鐘坐下來傾聽父母的煩惱，是否曾經花一分鐘消化咀嚼父母對我們的嘮叨、叮嚀呢？

古人常說「百善孝為先」，其實說真的，我一直找不到很好的解釋，為什麼孝道在所有善事中排行第一名，如果是行善，應該不分大小才對。但

是消防大哥的那段話，給了我一個最好的解釋：人世間所有事情都是無常的，但唯有你與你的父母之間，那些，才是永恆的。

母親節快要到了，希望各位看完這一篇，從現在開始，邀請你的父母來京盛宇。由你親手泡一壺好茶給父母喝，看在你這麼孝順的份上，老闆會招待你們那一天所有消費。希望偶爾你們也可以陪陪父母，坐下來喝杯茶、談談心、讓他們了解打工到底學了什麼，或者聽聽父母的心事，也或者再讓他們嘮叨一下囉！

給員工的一封信2：麥帥為子祈禱文（2011.06.09）

給我每一位最親愛的京盛宇員工，想跟大家分享一篇文章—「麥帥為子祈禱文」。

主啊，請陶冶我的兒子，使他成為一個堅強的人，能夠知道自己什麼時候是軟弱的；使他成為一個勇敢的人，能夠在畏懼的時候認清自己，謀求補救；使他在誠實的失敗之中，能夠自豪而不屈，在獲得成功之際，能夠謙遜而溫和。

請陶冶我的兒子，使他不要以願望代替實際作為；使他能夠認識主---並且曉得自知乃是知識的基石。我祈求你，不要引道他走上安逸舒適的道路，而要讓他遭受到困難與挑戰的磨練和策勵。讓他藉此學習到風暴之中挺立起來，讓他藉此學習對失敗的人加以同情。

請陶冶我的兒子，使他的心地純潔，目標高超；在企圖駕馭他人之前，先能駕馭自己；對未來善加籌畫，但是永不忘記過去。在他把以上諸點都已做到之後，還請賜給他充分的幽默感，使他可以永遠保持嚴肅的態度，但絕不自視非凡，過於拘執。

請賜給他謙遜，使他可以永遠記住真實偉大的樸實無華，真實智慧的虛懷若谷，和真實力量的溫和蘊藉。

然後，作為他的父親的我，才敢低聲說道：「我已不虛此生！」

國中讀過這篇文章之後，我大概每兩三年就會回頭把這篇文章看一次，我的人生格言其實很簡單：" To be a better man. " 而這篇文章總是提醒著我，哪些事情做好了，那些事情還沒做好，這其中有趣的地方就是，有些事情以前覺得做好了，現在又發現其實做得不夠好。我沒有想要繞口令的意思。但這幾年活下來，發現人生其實就是一個不斷輪迴的過程，有些事，完成了，又出現。有些人，離開了，又遇到了。重點是你每一次都有機會用更好的方式去處理、去面對，而且你應該用更好的方式去處理、去面對。

我不擔心自己犯錯，怕的是下次面對同樣事情，又犯同樣錯誤。面對你們也是一樣，我不擔心你們做錯事或做不好，重點是你有沒有去思考，如果重新再來一次，你會怎麼做？沒有思考就沒有反省，沒有反省就不會認識自己，不認識自己就沒有平靜的心，沒有平靜的心就找不到人生方向，那也就是沒有辦法很堅定很篤定很勇敢地經營自己的生活與生命。

這篇文章其實很道家，道家的陰陽論其實就是二元論。一開始說了堅強和軟弱、勇敢和畏懼，其實重點在教你認識自己，就是道家說的明心見性。你知道自己什麼時候很堅強嗎？知道自己什麼時候很軟弱嗎？堅強和軟弱、勇敢和畏懼，這從來就是第一人稱的形容詞，你會說自己堅強、勇敢嗎？不會嘛！但是你會知道自己的優點與缺點，擅長與不擅長，或著說願意面對的與不願意面對的。

開這間店之前,其實我沒有任何工作經驗,所以真的犯了很多錯誤,甚至有家裡長輩說,開這間店只有一件事做對了,就是我很有 guts,但幸好「Permanent Revolution」一直提醒著我,不再犯一樣的錯,要不斷地進步,我也還算認識自己,了解自己擅長與不擅長的,所以一直謹守京盛宇最珍貴的資產,去做每一個決定。現在當然還不算成功,但是謝謝你們每一個人每一次的用心泡茶,用心服務,讓我深深覺得京盛宇正在逐漸起飛中。

最後跟大家分享,我看過一次後,就忘不了的三句話:「真實偉大的樸實無華,真實智慧的虛懷若谷,真實力量的溫和蘊藉。」特別祝福你們之中的一些人,即將結束在京盛宇的這個小輪迴,希望在你們人生另一個階段,能夠看見這世界的最偉大,感受自我的最渺小,體會來自心靈的最勇敢。

給員工的一封信 3：一種美好的態度，值得你我蔓延（2013.09.04）

各位同學大家好～夜深了，最近幾個月，京盛宇發生了很多事情，想在
這裡和大家分享。因為《台灣茶 你好》出版的關係，我最近參加許多
廣播、講座，可能是因為很年輕創業的關係，每個人都會問我生小孩了
嗎？我都會回答已經有兩個了，一個四歲、一個兩個多月。其實一個就
是京盛宇，一個就是《台灣茶 你好》。

松菸店開幕之後，一下子變得忙碌許多，沒辦法像過去一樣，常有機會和大家閒話家常，不過在我心中一直很珍惜和大家一起工作的緣分，更重要的是，也把各位當成自己的弟弟妹妹，除了「茶」，更希望大家能夠因為京盛宇，在人生這條路上，更加增長。

當我還在各位的年紀時，並沒有任何工作經驗，因為我一直在思考「工作」的意義是什麼？如果人生有將近三分之一的時間（甚至更多），都必須花在「工作」上面，那麼我認為，除了賺錢，工作這件事必須還要能夠實現某些心裡的願望，這樣子當我每天在工作的時候，就會有一種「不斷進步、自我成長」的感覺，這樣子「工作」就不只是一個「勞心或勞力」的事情，反而是幫助自己在人生不同的階段，提升原有的自己，讓自己變得更好的一種方式（ Better Man 一直都是我最喜歡的一首歌）。

我在 2009 年創業之後，遇到不少麻煩，初期可以說是慘淡經營，也因為過往毫無工作經驗，所以犯了很多很多錯誤。在這個過程中，我常常做的一件事情就是，「檢討自己」：一定是自己哪裡沒做好，一定是還有某些事情還沒學會，一定是自己解決問題的能力還不夠，所以營運的狀況才達不到預期。

我也在百般挫折中，領悟「人生不如意，十常八九」這句話的真諦，這句話要告訴我們的不是「運氣」，而是要告訴我們，如果你希望有一件好事發生，你必須先把其他八九件事做好。

就在這個「想辦法讓自己不斷學習」、「用盡努力讓自己變得更好」、「每天工作時都提醒自己要更進步一點」的過程中，市場上慢慢有人注意到京盛宇，時報出版社找我出書，也不小心入選了 AAMA 台北搖籃計畫，松菸店開幕之後業績也不錯，好多朋友都非常讚許！雖然這些對我而言，都不是我最在意的事情（如果你跟我熟一點，你就會知道我最在意的什麼，不過我後面就會提到了），但就世俗的角度、眼光，目前京盛宇確實還算「有個樣子」。

前幾個月，有一個離職的員工回來找我聊天，他說老闆啊，出書對你來說會不會像是完成一個里程碑，我說，這只是一個開始。我很開心，能和你們每一個人，在現在這個「正要起飛」的階段一起打拼，舊員工一定能明顯感受到，最近一個月和過去一年有很大的差異，最明顯的就是「業績變好」，特別是松菸店，時常發生爆量，無法上廁所、吃飯的狀況，「泡茶泡到機械化運作的狀況」確實非常辛苦，先在此和松菸的同仁致上最高敬意（敦南的同仁有機會一定會讓你們去那邊體驗一下的）。

但如同我前面説的，當工作對我而言不只是業績，我更在意「各位的心智、素養是否每天都有成長」、「各位在專櫃的言行舉止是否得宜」、「是否能表現出，僅僅是站在專櫃，就能散發出值得別人尊敬的氣質」。

最近有位資深的創業前輩説了一句，我非常認同的一句話「世界上最便宜的是錢，最貴的是得到別人的尊敬。」我另外將這句話引申出：「而當你得到別人的尊敬，錢自然而然就會來了。」

這個時代的年輕人是辛苦的，無論是時機、世道、收入，真的都不比以前，（我媽以前花 500 萬，就可以在台北市的精華地段買 60 坪的房子）但有一些永恆「逆勢成功」的真理，就是我上面最在意的那三件事，不管在怎樣的時代，如果每一個人，都能做到這三件事情，我相信天下再小，都會有各位立足的地方。（我是用「立足」，不是用「溫飽」）

如果有緣，當然希望你我可以一直在京盛宇打拼奮鬥，但是如果有一天你離開京盛宇，我衷心希望你不僅僅學會「茶」，還能夠學會一些「人生的事」，這些人生的事，能夠幫助你實現「心裡的願望」，雖然需要日積月累，需要學很久。但事實上一點也不難。（就和喝茶一樣）

如果你也認同我上面説的，希望你也可以朝那三件事情去努力，消極面來説，減少「客訴」的發生（松菸店最近有兩件客訴），積極面來説，成

為一個令人尊敬、信賴的品牌，比業績好更重要。當你我身處的社會，有這麼多業績好，卻不值得信任的公司，你難道不想為改變這個世界，盡一點力嗎？除了喝到你泡的好茶，讓所有台灣人感受到，有一種真實而信賴、親近而專業的「態度」，正在蔓延中～

更重要的是，希望現在的你，因為京盛宇變得更好，但以後京盛宇，因為有你，變得更好。無論你在哪裡，都能夠將這樣的美好繼續延續下去。

給員工的一封信 4：2015 年，一起變更好！（2014.12.12）

今天是 12 月 12 日，一個稀鬆平常的星期五，有點冷、還下點雨。除了「雙十二」有點特別之外，這一天的地球就如同往常自轉公轉。唯一不同之處，我今晨起了太早，來到公司，三口當兩口咽下了燒餅蛋之後，迫不及待打開電腦，想與大家分享已經在心中轉呀轉、幾乎要溢出來的心裡話。

今年，我們在春節的時候會發送「福袋」，前一陣子在思索文案時，留下了這樣一段文字：「喝茶，是簡單而深刻的幸福，想與你分享一杯好茶的心情，經過這些年，從來沒有變過。謝謝你，陪京盛宇走過這些日子，2015 年，我們一定要一起變更好！」不瞞各位，當我完成這段文字的時候，眼眶早已泛淚……。

昨天因為要準備寄送公關禮品，再一次把這段文字抄寫在卡片上，因為禮品的份數太多，無法每一張都手寫，所以是抄寫後掃瞄列印，貼在卡片上，營造一種真心誠意的手寫氛圍。然後因為寫得不好看，所以重複寫了四次。在這個反覆的過程中，我忽然有一種很強烈的感覺，雖然這一段文字一開始是為了顧客而寫（福袋），後來決定把它延伸在長期合作的廠商、客戶、媒體記者、創業前輩（公關禮品），但寫著寫著，發現這段話最適合與和我一起在京盛宇打拼奮鬥的你們每一個人分享！

今年在我個人的生命歷程中，經歷很多很多很多的第一次，第一次有了小孩、第一次狗狗走了、創立的事業滿五年了，且得到各界許多肯定與認同，一年中充滿了很多悲痛與喜樂。但其實對我來說，每天最快樂的，還是能夠坐下來泡一壺茶給自己或是和同事分享親手泡的茶。我相信各位來到京盛宇的這些日子，已經能夠漸漸感受茶道的禪意，講禪意似乎有點玄妙，其實說白了，就是「心意」。當你用什麼樣的心情去泡那杯茶，茶就會是什麼樣子。

有的同學來這裡不久，很擔心自己泡不好，這杯茶就會顯得沒有自信，喝起來虛虛的；有的同學一心一意想把茶泡好，眼裡只有把茶泡好這件事，茶是泡好了，卻顯得有些匠氣；有的同學懂得用心觀察感受吧檯上的點點滴滴，進一步延伸思考天氣、時間與顧客感受的問題，就能沖泡一杯「出乎顧客期待的茶」。

266

我很高興，這一年來，沒有出現太多客訴，證明大家的服務「符合顧客的期待」。但進一步來說，沒有客訴是不夠的，如果能夠得到顧客主動的讚許、誇獎，那就是因為我們做了「出乎顧客期待的服務」。我想，這世界上的每一個人都是期待「驚喜」的，在每個人每天的生命，確定走向死亡的過程中，京盛宇除了提供一杯台灣自然與人文的美好，我們能否在許多小地方，給予顧客「驚喜感」，為大家在一成不變的生活中，創造更多的美好呢？所謂「驚喜」，不一定是特意、刻意、故意做些什麼，而是站在顧客的立場思考每一件事，並發自內心的關懷，我也期待同事之間的相處，大家能夠用這樣的方式，去關心你身邊的人。

今年，我常常利用週末去專櫃看看大家，今年的週末和過去比較起來，確實忙碌許多，辛苦大家了～平日的部分，因為商場屬性不同，有的比較清閒，有的還算有客人。其實「業績」這件事情，對京盛宇來說，一直都不是最重要的事情，我反而希望各位反覆思考「一期一會」的精神，並實踐在每一次的服務，說「服務」感覺還是很像工作，進一步來說，不管今天的來客是十個人還是一百個人，你能否給予這十個人或一百個人一次感動或是留下深刻的印象。

這世界上最強大的力量就是「愛」，最有魅力的武器是「微笑」。各位一定要懂得先愛自己，而後愛別人。如何愛自己與愛別人？我覺得很重要的部分就是，認識自己，一個懂得欣賞自己優點的人，一定會顯得有

自信,然後盡量發揮優點,讓大家體會你的好;從另一個角度,一個知道自己缺點的人,一定會努力改進改善,使自己的今天比昨天更好,讓大家減少體會你的不足。同時,時常保持「微笑」,就像茶的本質「親切」,才能拉近彼此心的距離,創造更多交流溝通、互動感動的每個當下。最後,我想說的是,謝謝你們每一個人,陪京盛宇走過這些日子,2015年,我們一定要一起變更好!

夥伴名單：

陳若雲、何友倫、陳柏延、莊雅芳、戴秀芳、劉庭澤、吳啟弘、鄭惟之、邱玉婷、
郭澤劭、蕭涵文、彭雅真、劉家琪、林雪樺、李馨慈、江俊寰、路斯羽、李湘陵、
鍾孟如、羅蓓琪、蘇慧鑫、陳鈺涵、林于庭、張家珉、黃如琦、劉韶竹、廖昱人、
盧怡秀、李昕倫、袁唯翔、巫家漢、李　胤、陳靖庭、施妤瑄、詹秉憲、王紹縈、
黃雅筠、王靜慧、楊文婷、黃聖恩、王釋禪、辛俞慧、吳孟軒、宮婷渝、張羽柔、
張芷柔、張瀞云、莊雅如、王欣瑜、李正崑、陳玟媛、黃莉琇、王乃立、蔡育綺、
侯惠心、黃培鈞、劉怡君、張維剛、潘雅文、李欣柔、邱怡蓉、童韋禎、王憲文、
張景貽、薛竹涵、陸　蘋、賴冠妤、江育軒、吳亞倩、楊瑾錚、吳政剛、陳珮瑢、
黃雅婷、蔡依茹、李皓哲、林建舟、許瑋宸、顧克菊、陳建廷、葉建君、賴德華、
林志強、林佳蓁、許　潔、陳孟妤、鄭瑞瑜、凌安力、郭承潔、馮文揚、林稚閔、
彭釗威、朱奕帆、吳沛妮、陳怡穎、蔡明育、游雅婷、鄭庭雅、吳松翰、鍾郁芳、
李宜庭、李雅婷、唐郁祺、陳首名、王思華、林詠淳、陳維真、廖偉博、陳怡均、
陳子宣、楊鈞弼、李建雄、林芊秀、張可昀、郭玠廷、陳芳瑜、陳敏芬、黃閔資、
張寓騫、葉微君、廖玟瑄、林韋辰、林盈秀、林維杰、楊馥榕、李承翰、林宜燦、
翁承琳、王思舜、馮曼苓、朱思維、郭喆豐、黃品軒、李誠允、陳逸學、廖心慈、
洪菱濃、張昭玥、黃郁凌、林郁萍、張艾莉、黃宇辰、黃彩梅、廖文慈、徐鈺安、
林　辰、陳可喬、徐鑀菱、陳珮慈、涂伊芳、彭鈺婷、徐奕楷、沈慧茹、林羿利、
王蔓瑄、徐乙瀞、蔡昇宏、鄒子郁、陳映儒、曾孟謙、蔡程欣、游雅涵、鄭詠諭、
張唯柔……等。

感恩

特別感謝：

邱聯春、余明美、邱士軒、邱士恆、歐正基、詹佳玲、李　威、辛　欣、鍾奇穎、

顏益生、池國豪、郭惠華、陳莉明、邱蓓君、黃致瑋、郭書鳳、林芳伃、吳孟桓、

楊璦禎、謝　威、陳世杰、江承翰、鄭慧芳、劉燡為、胡志程、李庭榮、梁珮蓉、

吳遠芳、戴漢輝、陳俞嘉、溫曜禎、劉一儒、梁晉銘、吳崇銘、許銘仁、陳崇文、

黃建文、陳怡彣、王艾莉、王汶鈺、徐子懿、陳洲任、陳志維、劉澤民、陳彥鈞、

許偉康、許至遠、睦惠敬、莊益群、廖小五、湯浩均、周家寅、詹俊彥、陳建源、

黃合言、施君翰、蘇俊銘、郭育誠、劉貞如、邱韻如、張澤翔、陳怡親、唐湘龍、

楊月娥、陳家妤、大頭兒、孫越南、杜金梅、孫鵬杰、鍾淑景、孫詩翔、林君盈、

馬　駿、曾文燕、劉家欣、王　麗、孔　雪、劉絜文、蔡佳君、黃逸凡、林俊宏、

林冠穎、簡子軒、江烈偉、楊佩穎、林益宣、關秀瓊、謝秀芬、馮麗玉、張紹貞、

林相臣、林翊綺、喬孟書、范麗雲、魏本嵢、洪翠霞、江野俊銘、佐藤俊鴻、

Nelly Chang、William Huang、Sanjay Sarma……等。

AAMA 台北搖籃計畫：

顏漏有、劉季強、詹宏志、陳嫦芬、丁菱娟、童至祥、謝榮雅、郭大經、陳素蘭、

林蓓茹、柯雙華、陳怡如、葉冠義、江少峰、葛望平、林昌隆、林宏儒、蕭上農、

游智維、鄭勝丰、黃俊傑、王照允、金超群、謝銘元、楊立偉、黃韻如、鄭智超、

張瑋軒、孔嘉業、雍承書、魏玉萍、譚景文，及其他全體導師、學員。

以及八年來革命的最佳夥伴，我的妻子：劉沐垚。

270

文經社

M019
京盛宇的台茶革命：23 堂台灣茶創業的經營體悟

作　　者	林昱丞
責任編輯	連欣華
美術設計	彭鈺婷
平面攝影	李政勳
影片導演	張維剛
影片攝影	葉政寬
場地提供	滋養製菓、內湖熊宅

主　　編	謝昭儀
副 主 編	連欣華
行銷統籌	林琬萍
印　　刷	勁達印刷廠

出 版 社	文經出版社有限公司
地　　址	241 新北市三重區光復一段 61 巷 27 號 11 樓 A（鴻運大樓）
電　　話	(02)2278-3158、(02)2278-3338
傳　　真	(02)2278-3168
E – mail	cosmax27@ms76.hinet.net

法律顧問｜鄭玉燦律師 (02)291-55229

發 行 日	2018 年 06 月 初版一刷
定　　價	新台幣 380 元

若有缺頁或裝訂錯誤請寄回總社更換
本社書籍及商標均受法律保障，請勿觸犯著作或商標法

國家圖書館出版品預行編目 (CIP) 資料
京盛宇的台茶革命：23 堂台灣茶創業的經營體悟 / 林昱丞作 .
-- 初版 . -- 新北市：文經社，2018.06　面；　公分
ISBN 978-957-663-767-4(平裝)
1. 創業
494.1　　　　　　　　　107006864

京盛宇的
台茶革命

Permanent
Revolution of Tea

● ● ● ●